기술선생님이
들려주는

10대를
위한

궁금한
건설
기술의 세계

오정훈 · 한승배 · 오규찬 · 심세용 · 이동국 **지음**

02

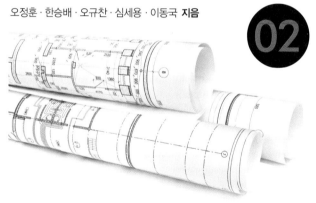

(주) 삼양미디어

궁금함이 많은 10대에게
기술선생님이 들려주는
건설 기술 이야기

사람들은 아주 먼 옛날부터 다양한 건설 구조물들을 지어 왔습니다. 고대 이집트에서는 7대 불가사의의 하나로 불리는 피라미드를 세워 왕인 파라오의 절대 권력을 보여줬고, 프랑스의 루이 14세는 왕권을 과시하기 위해 베르사유 궁을 지었습니다. 우리나라도 고대부터 각종 탑과 절을 지어 국가의 번영을 기원하였습니다. 이처럼 동서고금을 막론하고 건설 구조물은 인류의 역사와 함께 해 왔습니다.

인간은 태어나서 죽을 때까지 대부분의 시간을 건물에서 보냅니다. 윈스턴 처칠은 "우리가 건축을 만들지만, 다시 그 건축이 우리를 만든다."라고 했습니다. 이것은 건설 기술이 우리의 삶에 어떤 영향을 끼치는지 명확하게 표현한 말이라 할 수 있습니다.

건설 기술에 관심을 갖게 되면 우리 주위에는 어떤 건설 구조물이 있는지, 건설은 누가 하는지, 건설 기술의 종류에는 어떤 것들이 있는지 등과 같은 많은 궁금증이 생길 것입니다. 우리의 삶에 영향을 주는 다양한 건설 구조물을 통해 건설 기술에 관심을 갖기를 바랍니다.

건설 기술을 직물에 비유하자면 기술을 날줄로, 감성을 씨줄로 엮어 나가는 것이라 할 수 있습니다. 인류가 지구에 출현한 이후 기술이라는 날줄은 끊임없이 변화하고, 그 수도 증가하고 있습니다. 거기에 감성이라는 씨줄이 교차되어 때로는 두껍게, 때로는 가늘게 시대의 표정을 그려 나가고 있습니다. 이렇듯 건설 기술은 시대를 반영하는 특징을 가지고 있습니다.

　　1단원 건설 기술의 역사를 읽으면서 앞으로 인류가 어떤 날줄과 씨줄을 짜 나갈지 생각해 보시기 바랍니다. 2단원은 건설 구조물의 종류와 특징을, 3단원은 건설 구조물의 시공 과정을 다루고 있습니다. 그리고 4단원은 첨단 건설 기술에 대해 다루고 있습니다. 오늘날 건설 구조물이 대형화, 초고층화, 고기능화 되면서 디자인의 중요성이 부각되고 있으며, 환경 보호에 대한 관심이 고조되면서 에너지 소비를 줄일 수 있는 다양한 친환경적 건설 기술도 등장하고 있습니다.

　　여러분이 이 책을 통하여 건설 기술에 대한 기본적 교양을 쌓고, 이공계에 대한 관심을 키워 자신의 꿈에 한 발 더 다가선다면 저자로서는 더할 나위 없는 기쁨이겠습니다. 미래 사회는 여러분의 시대입니다. 우리 사회가 요구하는 미래 사회의 건설 기술의 방향과 자신이 꿈꾸고 있는 행복한 미래를 위해 힘찬 발걸음을 내딛어 보기를 바랍니다.

저자 일동

CONTENTS

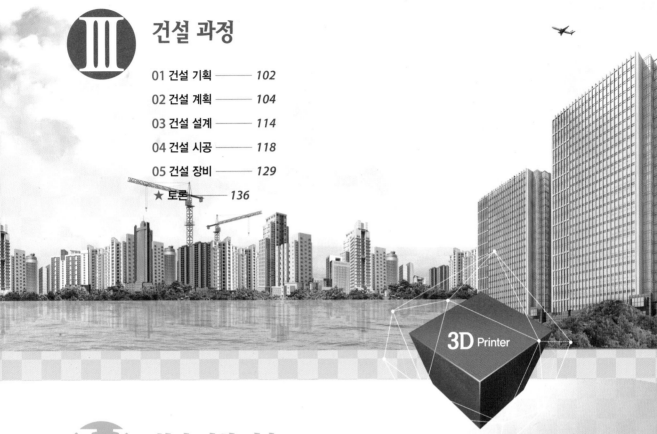

III 건설 과정

IV 첨단 건설 기술

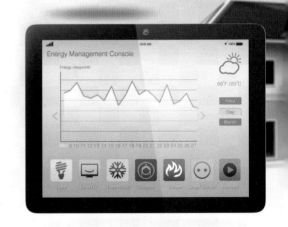

인류는 오랫동안 다양한 형태의 건축물을 만들어 생활해 왔습니다. 문명의 발달로 지역 간 혹은 나라 간의 교류가 활발해지면서 건설 기술은 더욱 발전하게 되었습니다. 이 단원에서는 각 시대별 건설 기술과 대표적인 건축물, 그리고 우리나라의 전통 건설 기술에 대해서 살펴보겠습니다.

건설 기술의 역사

01 건설 기술의 이해

우리의 생활을 편리하고 안락하게 해 주는 건축물과 구조물 등을 만들거나 국토를 효율적으로 개발하고 이용하는 것을 건설이라고 한다. 건설은 일반적으로 어떻게 분류할까?

인간은 오랜 옛날부터 바람과 눈, 비, 추위, 더위 등의 자연환경을 극복하고 사나운 맹수로부터 자신을 보호하기 위한 생활 공간을 만들어 생활해 왔다. 시대가 변하면서 사람들은 차츰 여러 가지 재료를 이용하여 생활 공간을 더욱 편리하고 쾌적한 환경으로 구조물을 만들게 되었다.

건설 기술은 인간의 필요에 의해 일정한 공간에 쓸모 있는 구조물을 만드는 기술로, 우리 생활과 밀접한 관계를 가지고 있으며 생활 양식에도 큰 변화를 준다. 즉, 건설 기술은 인간의 생활 환경을 보다 능률적이고 쾌적하게 만들기 위한 공간을 구상하고 이를 표현한 설계도에 따라 구조물을 만드는 수단과 활동을 의미하는 것으로, 토목 기술과 건축 기술로 나눌 수 있다.

ThinkGen
토목과 건축의 차이점은 무엇일까?

먼저 토목 기술은 극심한 조건의 자연환경을 극복하고 개선하여 인간이 활동하기에 더욱 편리한 환경의 토목 구조물을 만드는 기술이다. 도로, 교량, 댐, 하천, 상수도, 하수도 등과 같은 토목 구조물을 만들기 위한 토목 공사는 대부분 그 규모가 크기 때문에 기계 공학, 전기 공학, 재료 공학, 환경 공학 등 여러 분야의 기술이 복합적으로 이용되는 경우가 많다. 또한 토목 공사는 오랜 공사 기간과 많은 경비가 필요하기 때문에 경제성, 효용성, 환경 오염 등에 대한 충분한 검토가 이루어져야 한다.

↳ 목재, 철재, 시멘트 등을 이용하여 항만, 도로, 철도와 같은 구조물을 건설하는 공사

그리고 건축 기술은 자연환경으로부터 인간의 생명을 보호하는 한편, 편리하고 안락한 생활을 위한 건축 구조물을 만드는 기술이다. 건축 구조물의 유형에는 주택, 상가, 공장, 학교, 병원, 도서관 등이 있다.

'토목'이란 용어의 유래는?

토목(土木)이라는 용어는 중국의 고사 '築土構木 百姓安之(축토구목 백성안지)'에서 유래한다. 이를 직역하면 '흙을 쌓고 나무를 엮어 백성을 편안하게 한다.'라는 뜻이다. 이처럼 토목에는 홍수와 같은 자연재해의 방지, 농사를 위한 수리 시설의 확보 등 주거 환경을 편안히 하여 백성의 안정적인 삶을 마련해 주는 일이라는 의미가 담겨 있다.

02 원시 시대의 건설 기술

원시 시대의 사람들은 자연의 극심한 조건이나 야생 동물로부터 자신의 몸을 보호하기 위해 동굴이나 막집, 움집 등에서 살았다. 이들이 살았던 주거 형태는 어떤 차이점이 있었을까?

인류 문명이 발달하지 못한 원시 시대의 사람들은 자연 동굴이나 바위틈과 같은 자연 지형을 주거지로 이용하였다. 그 후 정착 생활을 시작
↗ 사람이 살고 있거나 살았던 지역
하면서 나뭇가지 등을 엮어 원시적인 형태의 주거 공간을 만들어 살았다.

Think Gen
원시 시대의 사람들은 동굴 생활을 하면서 왜 벽화를 그렸을까?

동굴 주거

초창기 원시 시대의 사람들은 추위를 피하고 바람과 비를 막거나 맹수들의 습격으로부터 안전을 지키기 위해 자연적으로 생긴 동굴을 주거지로 이용하였다. 특히 구석기 시대 사람들이 살았던 동굴은 인류가 최초로 이용한 주거 양식이라 할 수 있다. 구석기 시대에는 수렵 생활과 이동 생활을 하며 자연 동굴에서 살았으나, 신석기 시대에는 농경 생활과
↘ 사냥(산이나 들의 짐승을 잡는 일)
정착 생활을 하며 직접 동굴을 파서 만든 인공 동굴을 주거지로 이용하기도 하였다. 당시 사람들은 인공 동굴을 만들면서 천장은 볼트 형식으로 설계하여 무너지지 않게 하였고,
↘ 아치형의 둥근 천장
가족 수가 많아지면 T형이나 Y형으로 연장하기도 하였다.

아하 그렇구나

구석기 시대의 막집이란?

인구가 점차 늘어나자 구석기인들은 이용이 한정된 동굴을 떠나 강이나 바다 등의 물가에 기둥을 세워 바람을 막는 정도의 막집(그냥 막 지은 집이라 해서 붙여진 이름)을 지었다. 구석기인들이 물가에 막집을 지은 이유는 생활에 필요한 물을 쉽게 구할 수 있고, 물고기를 잡거나 동물들이 자주 물을 마시러 오는 탓에 사냥하기도 쉬웠기 때문이다.

| 구석기 시대 막집의 모습

인류는 자신들이 거주했던 동굴에 벽화를 남겼는데, 이것은 후손들에게 사냥법을 가르치고 동물의 포획과 그 번식을 기원하기 위한 것이었다.

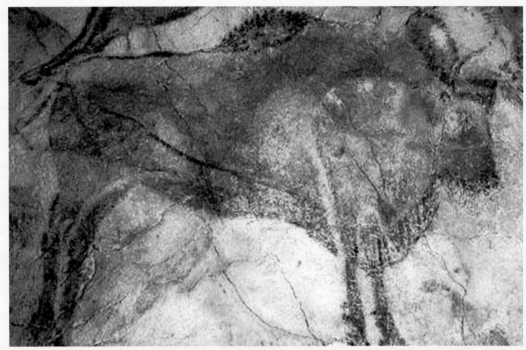

| **알타미라 동굴 벽화** 1897년 스페인 북부 칸타브리아 지방에서 발견되었으며, 1985년에 유네스코 세계 유산으로 등재되었다.

| **라스코 동굴 벽화** 1940년 9월 프랑스 도르도뉴 지방의 한 계곡에서 발견된 동굴로 들소를 비롯한 멧돼지, 말, 사슴 등 다양한 동물 모습이 그려져 있다.

움집 주거

구석기 시대에 동굴이나 막집에서 살던 사람들은 신석기 시대에 들어와 차츰 움집(수혈
주거)을 짓고 살기 시작하였다. 움집이란 수직으로 땅을 파고, 그 위에 지붕을 덮는 형태의
집을 뜻한다. 움집은 반지하 형태로 만들었는데, 깊이가 0.6~1.2m 정도이고, 바닥은 지
름이 3.5~6m 정도인 원형, 또는 직사각형 모양이다. 이와 같이 만든 이유는 일정 깊이
이상의 땅속은 온도 변화가 적어 추위나 더위에 대비할 수 있을 뿐만 아니라 건물의 높이
를 낮추어 거센 바람에 견딜 수 있는 구조를 만들기 위해서였다. 또한 움집의 중심에는 직
경 60cm 정도의 화덕이 있고, 그 가까이에 구멍을 파서 토기를 묻어 음식물을 저장해 두
었다. 움집 둘레에는 기둥을 세우고 움집 주위에서 중심을 향하여 서까래를 경사지게 세
워 꼭대기에서 끈으로 묶은 뒤 나뭇잎이나 풀로 지붕을 덮어 움집을 완성하였다.

움집은 인류가 오랜 이동 생활을 끝내고 한 곳에 정착하여 농경 생활을 시작하면서 등
장한 주거 형태로 움집에는 당시 사람들이 자연을 극복하는 과정
에서 쌓은 경험과 기술들이 반영되었다고 할 수 있다.

> 수혈: 땅 표면에서 아래로 파 내려간 구멍

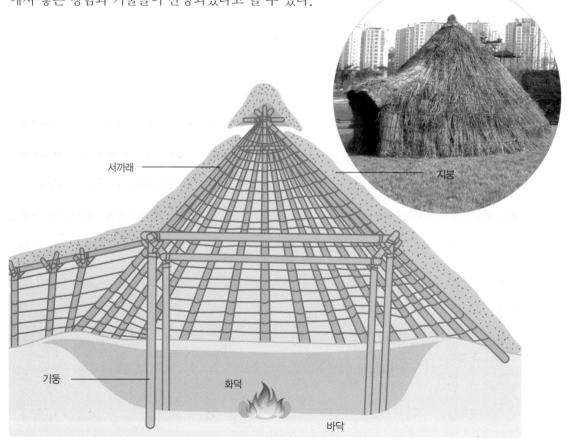

| 움집의 구조

불가사의한 구조물 스톤헨지

영국의 수도 런던에서 서쪽으로 130㎞ 정도 떨어진 솔즈베리 평원에는 스톤헨지라 불리는 거석 구
조물이 있다. 스톤헨지는 누가, 어떻게, 무엇 때문에 만들었는지 밝혀지지 않아 세계의 미스터리 중
하나로 꼽힌다.

스톤헨지는 둥근 고리 모양으로 줄지어 서 있는 거대한 돌들과 북쪽 방향으로 U자 형태로 벌어진
거대한 돌들의 조합으로 이루어져 있다. 특히, 세워진 돌 위에 하나의 돌이 가로로 올려 져 있는 탑들
이 있는데, 스톤헨지라는 명칭은 여기서 유래했다. 스톤헨지란 고대 영어로 '위에 올려놓은 돌'을 의미
한다.

스톤헨지의 기원에 대한 여러 가지 학설 중에서 고대 브리튼인들이 1,200년 이상의 긴 세월 동안
만들었다는 학설이 가장 유력하게 받아들여지고 있다. 하지만 50톤에 가까운 돌을 30㎞나 떨어진 곳
에서 어떻게 운반했는지, 돌을 어떻게 잘랐는지 등 여러 가지가 아직도 의문으로 남아 있다.

| **스톤헨지** 기원전 1500년 경 이전에 세워진 것으로 추측된다.

03 고대의 건설 기술

고대의 건축물에는 콘크리트가 사용된 구조물도 있다. 시멘트가 발명되기 전 현대의 시멘트와 같은 기능을 한 물질은 무엇일까?

문명이 발달하면서 도시가 형성되어 공공 기관이 늘어나고, 종교적 · 정치적 권위를 나타내는 구조물들이 만들어지기 시작하였다. 이 중에서 고대 이집트의 피라미드, 종교적인 예배를 위해 지어진 신전, 그리고 중국의 만리장성은 어떻게 지어진 것인지 살펴보자.

피라미드

*고대의 세계 7대 불가사의 중 하나인 피라미드는 아직도 풀리지 않는 수수께끼이다. 세계 곳곳에서 여러 시대에 걸쳐 각기 다른 목적과 형태의 피라미드가 세워졌지만 이집트

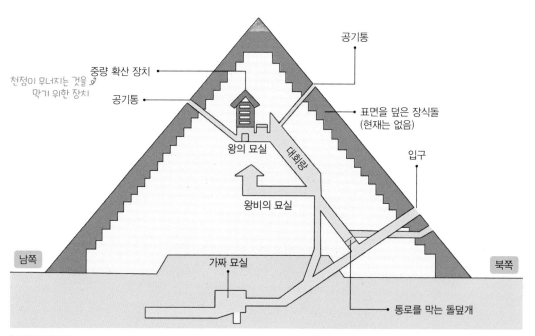

공기통

중량 확산 장치

천정이 무너지는 것을
막기 위한 장치

공기통

왕의 묘실

대회랑

표면을 덮은 장식돌
(현재는 없음)

입구

왕비의 묘실

남쪽

가짜 묘실

북쪽

통로를 막는 돌덮개

| 피라미드의 구조

*
고대의 세계 7대 불가사의 고대에 사람의 손으로 이루어 낸 가장 경이로운 건축물 일곱 가지를 말한다. 그리스의 시인 안티파트로스가 언급한 것으로 쿠푸왕의 대피라미드, 바빌론의 공중 정원, 소아시아의 아르테미스 신전, 올림피아의 제우스 상, 마우솔로스의 영묘, 로도스의 거상, 알렉산드리아의 등대 등이며, 이 중 현재까지 남아 있는 것은 쿠푸왕의 대피라미드뿐이다.

의 피라미드가 대표적이라 할 수 있다.

이집트의 피라미드 중 최대 규모를 자랑하는 것은 기자 지역에 위치한 '쿠푸왕의 대피라미드'로 밑변 길이 230m, 높이 147m, 부피는 260만㎥이다. 이 피라미드의 건축을 위해 평균 2.5톤의 돌을 230만 개 이상 쌓아 올렸으며, 돌의 총 무게는 600만 톤으로 추측되고 있다.

이처럼 대규모의 피라미드가 어떻게 만들어졌는지 지금까지 구체적으로 밝혀지지 않고 있다. 건설 장비가 발달하지 않았던 시대에 어떤 방법으로 거대한 규모의 피라미드를 건설했는지를 놓고 다양한 가설이 제기되고 있다. 피라미드는 어느 날 갑자기 만들어진 것이 아니다. 그리스의 역사학자 헤로도토스에 따르면 쿠푸왕의 대피라미드는 약 10만 명의 노동자가 20년 동안 건설하였다고 한다. 고대 이집트에서는 피라미드를 만들기 이전부터 *측량학이나 *기하학이 상당히 발전되었으리라고 짐작된다. 그 이유는 나일 강
📌 큰 물이 흘러 넘침
의 주기적인 범람에 따라 농토의 구분선이 자주 훼손되었는데, 이것을 해결하고 나아가 치수 사업을 하려면 측량학·기하학의 발달이 필요했기 때문이다. 고대 이집트 인들은
📌 수리 시설을 잘 관리하여 홍수나 가뭄의 피해를 막음
축적된 고도의 기술력을 동원하여 피라미드를 완성하였다.

| 쿠푸왕의 대피라미드

| **이집트 기자 지역의 피라미드** ❶ 멘카우레왕의 피라미드. ❷ 카프레왕의 피라미드. ❸ 쿠푸왕의 대피라미드. 쿠푸왕의 피라미드가 가장 큰 규모이기 때문에 '대피라미드(Great Pyramid)'라고 불린다.

*────────
측량학 인간이 이용하는 토지 등의 형태나 면적을 관측하고 이를 그림으로 나타내는 데 필요한 모든 지식이다.
기하학 공간에 있는 도형이나 대상들의 치수, 모양, 상대적 위치 등을 연구하는 수학의 한 분야이다.

파르테논 신전

　그리스 아테네의 아크로폴리스에 있는 아름답고 웅장한 건축물인 파르테논 신전은 기
_{↘ 높은 도시라는 뜻으로, 고대 그리스의 도시 중심이나 배후에 있던 언덕을 가리킴}
원전 447~432년에 만들어졌다. 도시의 수호신인 '아테나 파르테노스(Athena Parthenos)'에
바쳐진 이 신전은 *도리아 양식의 건축물이다. 신전의 전체 크기는 가로 31m, 세로 70m
이며, 높이가 10.43m에 달하는 46개의 기둥으로 이루어졌다. 파르테논 신전은 조각가
페이디아스에 의해 정교하고 치밀한 기하학적 구도에 따라 건축되었으며, 현관 지붕을 받
치고 있는 조각된 기둥들과 지붕, 모서리들이 서로 균형을 이루고 있다.

　파르테논 신전은 과학적으로 설계된 건축물로 인간의 눈에서 발생하는 착시 현상을 보
완하기 위해 기둥의 중앙부는 불룩하게 튀어 나오게 하고 위로 올라갈수록 좁아지는 *배
흘림기둥(Entasis)으로 설계되었다. 파르테논 신전의 모서리 쪽 기둥들이 밖으로 넘어질 듯
이 보이는 착시 현상을 보완하여 안정감 있는 기둥의 모습을 볼 수 있도록 하였다.

　파르테논 신전은 비잔티움 시대인 6세기 말경 성모 마리아 성당으로 불렸고, 십자군 전
쟁 이후에는 로마 가톨릭의 성당으로 이용되었다. 그러다가 1456년 오스만 제국이 아테
네를 점령하면서 다시 이슬람교의 예배당인 모스크로 바뀌었다. 1687년에는 오스만 제국

| **파르테논 신전** 아테네에 있는 신전 중에서 규모가 가장 크며 도리아 양식으로 지어졌다.

*
　도리아 양식 도리아인들이 발전시킨 건축 양식으로, 주춧돌 없이 기둥을 바로 기단에 세웠고, 기둥 몸은 배흘림 모양으로 되어 있다.
　배흘림기둥 단면이 원형인 기둥의 허리 부분을 가장 불룩하게 하고 기둥의 위와 아래로 갈수록 두께를 줄인 항아리 모양의 기둥이다.

과 싸우던 베네치아 인들이 아테네를 포위하자, 오스만 제국군은 파르테논 신전을 화약고로 사용했다. 그러자 베네치아군은 오스만 제국군을 물리치기 위해 신전을 향해 발포하였고, 포탄이 명중하여 지붕과 벽이 날아가면서 파르테논 신전은 심각한 피해를 입었다. 이후에도 지진이나 산성비 등으로 훼손되었으며, 현재 그리스 정부는 신전을 보호기 위한 노력 뿐만 아니라 수리와 복원 작업을 병행하고 있다.

고대 그리스 건축물의 기둥 양식은?

고대 그리스의 건축 기술은 훗날 서양의 건축 기술에 가장 큰 영향을 끼쳤는데, 그리스의 건축 양식에는 파르테논 신전에 사용된 도리아 양식 외에 이오니아 양식, 코린트 양식 등이 있다.

| **이오니아 양식** 기둥이 높고 가늘며, 기둥머리 부분에 소용돌이 모양의 장식이 있다.

| **코린트 양식** 화려하고 장식적인 양식으로, 불꽃이 타오르는 듯한 장식(나뭇잎)이 기둥머리를 감싸고 있다.

판테온 신전

　판테온은 그리스어 'Pan(all, 모든)'과 'Theon(god, 신)'의 합성어로 최초의 판테온은 기원전 27년에 건설하기 시작하여 기원전 25년에 완성하였다. 그 후 로마의 황제 하드리아누스가 기존의 판테온을 철거하고, 새로운 판테온을 짓기로 결정함에 따라 118년에 착공하여 125년에 완공하였다. 로마의 다신교적인 건축물이 지금까지 파괴되지 않고 1900여 년의 _{많은 신을 인정하고 믿는 종교 형태} 역사를 가질 수 있었던 이유는 판테온이 중세 시대에는 성당으로, 르네상스 시대에는 국립묘지로 사용되었기 때문이다.

　판테온의 건축 구조는 정면 현관, 건물 몸체, 돔 지붕으로 되어 있다. 아울러 내부는 아랫부분의 원통(drum)과 윗부분의 *돔(dome)으로 구성되며, 원통은 외부에서는 3개 층으로 보이고, 내부에서는 2개 층으로 보인다. 이곳은 지름 43.4m의 공 모양으로 되어 있다. 반원형의 돔 천장은 신들의 세계인 천상을 상징하며, 기하학적 완벽성을 보여 준다. 판테온은 철근이 들어 있지 않은 콘크리트를 사용하여 건설되었는데, 당시에는 시멘트가 발명되기 전으로 화산암, 모래, 돌, 물을 이용한 콘크리트에 말총을 섞어서 인장력을 보강했다고 한 _{말의 갈기나 꼬리의 털}　　　　　　　　　　_{물체를 양쪽에서 잡아당기는 힘} 다. 하지만 돔형 구조와 말총만으로는 무게를 지탱하기 힘들기 때문에 돔 안쪽에 사각형

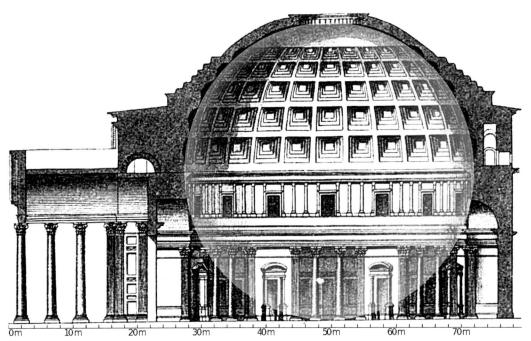

| 고대 로마의 신전 중의 하나인 판테온 신전의 내부는 완벽한 공 모양의 형태로, 다신교를 믿었던 고대 로마인들이 로마의 모든 신들을 위해 지었다고 한다. 정면에 위치한 현관의 기둥머리는 화려하고 우아한 코린트 양식으로 설계되었다.

＊
　돔 신의 집이라고 하는 라틴어 '도무스 데이(domus dei)'에서 유래한 용어로 반구형 형태의 건축물을 의미한다.

모양의 홈을 다섯 층으로 28개씩 일정하게 파내 중량을 감소시키면서 장식적 효과도 살렸다. 또한 아래쪽에는 무거운 돌을 쌓고 위로 갈수록 가벼운 돌을 이용함으로써 전체적으로 건물의 무게가 아래로 집중되는 것을 방지하였다.

| **위에서 촬영한 판테온** 건물 본체가 거대한 콘크리트 돔으로 된 구조이다.

판테온의 커다란 둥근 천장은 하늘을 상징하며, 천장의 한가운데는 태양을 상징하는 지름 9m의 원형 창문인 '오쿨루스'를 뚫어 놓았다. 이곳 오쿨루스를 통해 들어온 빛이 돔 내부를 밝히는데, 하루동안 시간의 변화와 한 해 절기의 변화에 따라 빛의 양이 달라진다. 이처럼 판테온은 건축 공학 및 재료 공학을 망라한 건축물로써 고대 이후 돔 건축 양식의 표준으로 평가받는다.

| 판테온 내부 천장의 가운데는 구멍이 뚫려 한 줄기 빛이 실내로 들어와 신비로운 분위기를 만들어 주며, 내부의 공기가 이곳 천장을 통해 빠져 나가면서 실내는 항상 일정한 온도를 유지시켜 주도록 설계되었다.

콜로세움
(Colosseum)

콜로세움은 서기 72년 로마의 베스파시아누스 황제가 건설하기 시작하여 서기 80년 그의 아들 티투스 황제가 완성한 원형 경기장이다. 베스파시아누스는 네로 황제 때 지어진 황금 궁전의 인공 호수 물을 빼고 콜로세움을 건설하였다. 이곳 콜로세움은 석회석 20만 톤과 화산석을 섞어 강력하고 가벼운 콘크리트 6천 톤과 벽돌로 만들었다. 둘레 527m, 길이 180m로 약 5만 명의 관중을 수용할 수 있었다. 현재는 경기장 바닥이 없어진 상태여서 지하 구조가 훤히 보인다.

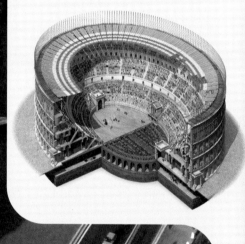

만리장성

기원전 221년 진나라의 시황제는 중국을 통일한 후 북쪽 흉노의 침입을 방어하기 위하여 기존에 있던 성들을 하나로 묶어 정비하였는데, 이것이 현재 만리장성의 원형이 되었다. 만리장성은 베이징을 비롯해 톈진, 산시, 산둥, 허난, 칭하이, 쓰촨 등으로 이어져 있고 지도상으로는 약 2,700km의 길이이며, 세세한 부분까지 합치면 총 길이는 약 5,000~6,000km에 이른다. 또한 과거의 거리 측정 방식인 *리(里)로 계산했을 때, 총 길이가 만 리가 넘는다고 해서 만리장성이라 불리게 되었다. 현재 중국의 각 지역에 있는 만리장성은 모두 동일한 구조와 재료로 만들어지지는 않았다. 성벽의 폭과 높이가 지역에 따라 차이가 있으며, 대체로 동쪽이 서쪽보다 견고하게 만들어져 있다. 만리장성 증축에 사용된 재료는 흙을 구워 사각형이나 직사각형으로 만든 전(塼)이었다. 성벽의 높이는 _{벽돌 전} 6~9m 가량이며 100m 간격으로 망루를 설치한 후 군대를 주둔시켰고, 군사적으로 중요 _{적이나 주위의 동정을 살피기 위하여 높이 지은 시설} 한 곳에 만들어 놓은 방어 시설인 요새는 마을·산길·여울 등을 방어할 수 있도록 지어졌다. 성벽 위에는 비상 시 군대가 신속히 이동할 수 있도록 길을 만들었는데, 넓은 곳은 사람 10명 또는 다섯 필의 말이 달릴 수 있다. 이처럼 거대한 규모를 자랑하는 만리장성의 첫 번째 성문은 허베이 성에 위치한 산하이관(山海關)이고, 마지막 성문은 북서쪽 끝에 있는 자위관(嘉峪關)이다. _{터무니없는 헛소문}

한때 만리장성이 달에서 육안으로 볼 수 있는 지구의 유일한 인공 구조물이라는 낭설이 퍼지기도 하였는데, 결론부터 말하면 만리장성은 달에서 보이지 않는다. 만리장성을 육안으로 볼 수 있는 거리는 지상으로부터 36km 정도까지인데, 지구에서 달까지의 거리는 약 384,400㎞ 정도이므로 달에서 육안으로 만리장성을 볼 수 없다. 즉, 지구의 어떤 인공 구조물도 달에서 육안으로 볼 수 없다.

만리장성과 시황제의 관계는?

시황제는 30만 명의 군사와 수백만 명의 농민들을 동원하여 성을 쌓았고, 각각의 성을 연결함으로써 현재 만리장성의 원형을 만들었다. 중국을 통일하고 막강한 전제 통치를 하던 시황제에게 만리장성 축조는 방어 외에도 또 다른 의미가 있었다. 즉 반대 세력들과 백성들의 불만을 다스리기 위해 만리장성 축조를 이용하였는데, 이것은 사람의 신체는 물론 마음까지 지배하려했던 시황제의 계산된 통치술이라고 할 수 있다.

---
*
　리(里) 동아시아에서 사용하는 길이를 나타내는 단위로, 보통 사람의 걸음으로 360보에 해당한다. 1리는 미터법으로 계산하였을 때 약 393m이다.

| **만리장성** 험준한 산과 계곡의 지형을 이용하여 쌓은 모습이 마치 거대한 용이 꿈틀거리는 형태와 같아서 중국 사람들은 만리장성을 한 마리의 용에 비유한다. 1987년에 유네스코 세계 유산으로 등재되었다.

황금비와 건축

고대로부터 인간이 가장 균형적이고 이상적인 비율로 여겨 온 황금비는 세로와 가로의 비율이 1:1.618인 것을 말한다. 일찍이 사람들이 자연에서 찾아낸 황금을 시간이 지나도 변하지 않는 찬란함과 아름다움의 상징으로 생각했듯이, 자연 속에서 찾아낸 황금비도 아름다움의 상징으로 여겼다. 황금비를 이루고 있는 대표적인 건축물은 그리스의 파르테논 신전, 이집트의 피라미드, 우리나라의 석굴암 등이 있으며 르네상스 시대의 레오나르도 다빈치도 황금비의 직사각형을 활용하여 그림을 그렸다고 한다. 현재에도 사람들은 황금비가 가장 조화롭고 아름다운 모양을 만든다고 믿고 도기류나 의복의 장식, 포장, 회화 그리고 건축 등에 즐겨 응용하였다.

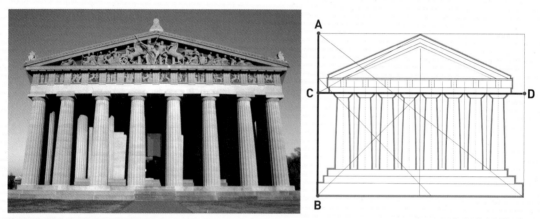

| 파르테논 신전의 높이와 너비의 비율(AB : CD = 1 : 1.618)은 황금비를 이루고 있다. 파르테논 신전을 정면으로 보고 직사각형을 그렸을 때, 세로와 가로의 비율이 13:21의 황금비를 이루고 있다.

| 이집트의 피라미드는 밑변인 정사각형의 각 변으로부터 정사각형의 중심에 이르는 거리(OM)와 능선(PM) 길이의 비가 1: 1.618임을 알 수 있다.

ㅇㅇ4 중세의 건설 기술

유럽의 중세 건축물을 보면 뾰쪽한 첨탑이 많이 있는데, 첨탑을 만든 이유는 무엇일까?

10세기 후반, 유럽에서 나타난 건축 양식은 로마 시대를 모방하고 있다고 하여 '로마네스크(Romanesque, 로마적인)'라고 부른다. 로마네스크 양식은 *블라인드 아치(blind arch)와 원통(vault)을 주로 사용한다. 블라인드 아치는 장식 효과만 내고 실제로는 벽으로 막혀 있는 형태이기 때문에 중후한 느낌을 주지만, 어두침침한 실내 분위기를 만든다. 로마네스크 양식을 잇는 중세의 건축 양식이 '고딕(Gothic)'이다. 고딕 양식은 중세 도시의 위엄을 과시하기 위하여 스테인드글라스(stained glass)를 많이 사용하였고, 높게 지은 것이 특징이다.

로마네스크 양식

ThinkGen
로마네스크 양식의 대성당에서 탑의 역할은 무엇일까?

10세기 후반~12세기 후반에 유행한 로마네스크 양식은 알프스 이북의 전통 목조 건축 양식과 로마의 석조 건축 양식이 혼합된 것으로 주로 교회를 짓는 데 반영되었다. 이 양식은 반원형 아치와 건물 내부를 떠받치기 위해 창문과 문, *아케이드(arcade)에 *원통형 볼트(barrel vault)와 *교차 볼트(groin vault)

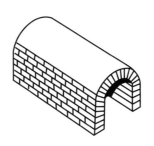

| **원통형 볼트** 아치 구조에서 발전한 터널(식) 천장 구조이다.

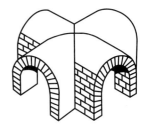

| **교차 볼트** 십자(十字) 모양으로 두 방향에서 진행된 터널식 천장이 만나는 구조이다.

를 만든 점이 주목할 만하다. 또한, 아치 때문에 생긴 큰 힘을 견디기 위한 굵은 기둥, 작은 창문, 두꺼운 벽 등도 로마네스크 양식의 특징으로 들 수 있다.

*────────
블라인드 아치 장식용으로 벽에 붙여져 있거나 사이가 채워져 있어 밑으로 지나다닐 수 없는 아치이다.
아케이드 기둥이나 교각에 의해 지탱되는 아치가 연속적으로 이어져 만들어지는 복도와 같은 공간이다.
원통형 볼트 네모난 공간 위에 길게 반원통형 둥근 천장을 올린 아치이다.
교차 볼트 두 개의 원통형 볼트가 십자로 교차하여 생긴 볼트이다.

로마네스크 양식으로 지어진 건축물의 평면도를 보면 복도식의 *바실리카는 그대로지만, 그 복도를 가로지르는 횡복도가 추가되었음을 볼 수 있다. 여기에 제대 부분이 첨가되면 건물 자체를 하늘에서 봤을 때 십자가 모양이 된다. 즉, 하늘에서 신이 바라봤을 때 십자가로 보이게 한다는 것이다.

로마네스크 양식의 성당 방향은

전형적인 로마의 바실리카 평면도

제대

횡복도

신랑

통로

신랑

전형적인 로마네스크 성당 양식

로마네스크 건축의 평면도 바실리카의 평면은 라틴 크로스 형태로 설계되었는데, 기존의 바실리카와 크게 다른 점은 트랜셉트(transept)라는 신랑(nave)을 가로지르는 공간이 생겼다는 점이다.
↳ 십자형 교회의 좌우 날개 부분   ↳ 본당

↳ 제단

제대 부분이 정 동쪽에, 성당의 출입구 부분이 되는 종탑이 정 서쪽에 배치된다. 이로써 해가 떠오르면 성당에서 가장 중요한 제대 부분이 제일 먼저 태양빛을 받게 된다. 로마네스크 양식의 대표적인 건물로는 피사의 대성당, 더럼 대성당, 생 세르냉 대성당 등이 있다.

피사의 대성당 이슬람 세력을 물리친 팔레르모 해전의 승리를 기념하기 위해 세운 성당이다.

* ──────
바실리카 로마 시대에는 법원 등 공공건물의 명칭이었으나 크리스트교 공인 이후에는 네이브(nave, 중앙 신도석)와 아일(aisle, 양측 통로)을 갖춘 건물 양식을 뜻하였으며, 점차 교황으로부터 특권을 받아 일반 성당보다 격이 높은 성당으로 그 의미가 확장되었다. 오늘날 바실리카는 고대의 공공건물이나 유서 깊은 대성당을 의미한다.

고딕 양식

중세 후기 서유럽 건축을 대표하는 고딕 양식은 '고트족의 양식'이란 뜻이지만, 게르만족의 대이동 시기에 등장한 고트족과 직접적인 관련은 없다. 이 말은 르네상스 시대의 일부 이탈리아 작가들이 중세 건축을 두고 "아름다운 로마 문명을 파괴한 야만적인 고트족이 지은 건물들"이라고 비난한 데서 유래했다. 물론 여기서 고트족이란 게르만족을 경멸하는 뜻으로 부른 말이다.

12세기 말, 프랑스 북부의 도시에서 시작된 고딕 양식은 곧 이어 유럽 전역으로 보급되었다. 고딕 건축 양식의 특징은 구조적·역학적 문제를 가장 완벽하게 합리적으로 해결하였으며, 고딕 이전에 사용되었던 *첨두형 아치(pointed arch), 리브 볼트(rib vault), 플라잉 버트레스(flying buttress)를 완벽하게 상호 결합시켰다는 것이다. 첨두형 아치, 아케이드, 장미창, 플라잉 버트레스, 리브 볼트는 구조적·기능적·형태적으로 사용되었으며, 고딕 문화의 특징인 첨탑을 높이는 데 일조하였다. 고딕 양식의 대표적인 건축물로는 노트르담 대성당, 샤르트르 대성당, 쾰른 대성당, 밀라노 대성당 등이 있다.

ThinkGen
고딕 양식에 스테인드글라스로
장식을 한 이유는 무엇일까?

| **밀라노 대성당** 뾰족한 첨탑에는 당시 사람들의 신을 섬기고, 신에게 가까이 가려는 소망이 담겨져 있다.

＊
첨두형 아치 둥글지 않고 끝부분이 뾰족한 아치로, 아치의 반지름을 자유로이 가감함으로써 반원형 아치보다 무게와 압력에 버티는 힘을 향상시켰다.

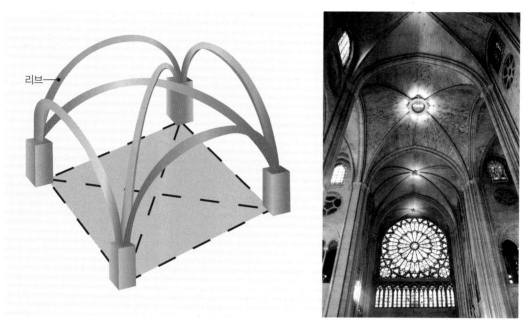

| **리브 볼트** 돌로 된 아치인 리브는 가벼우면서도 튼튼한 뼈대가 되어 지붕을 받친다. 리브 볼트는 로마네스크 양식에서 사용되었던 교차
볼트에 첨두 아치형의 리브를 덧대어 구조적으로 보강한 것이다. 오른쪽 사진은 노트르담 대성당의 첨두 아치와 리브 볼트이다.

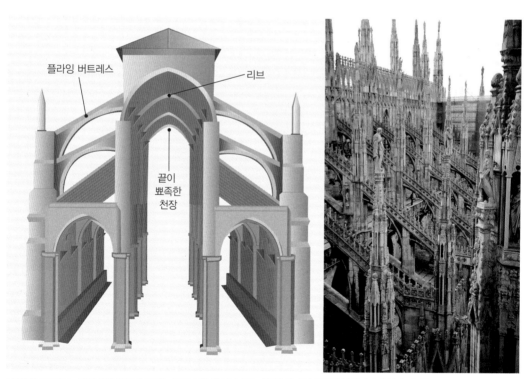

| **플라잉 버트레스** 건물 벽을 옆에서 받치는 빗살 모양의 지지대로 지붕의 무게와 압력을 분산시키기 위해 설치한 것이다. 아치들이 지붕
의 엄청난 하중에 의해 밖으로 밀리는 성당 벽을 받치면서, 천장의 미는 힘을 벽에서 땅으로 전달한다. 오른쪽 사진은 밀라노 대성당의 플
라잉 버트레스이다.

| **스테인드글라스** 고딕 양식의 건축에서 작은 유리 조각의 강렬한 색상들을 통해 성서의 이야기를 표현하여 글을 못 읽는 대다수의 사람들에게 성서의 이야기를 쉽게 전달하며, 빛을 통해 공간의 극적인 효과를 만들어 내기도 한다.

05 근대의 건설 기술

산업 혁명 이후 철골, 철근 콘크리트 등으로 구조물을 만드는 건설 기술이 나타났다. 다양한 건설 구조물을 만들기 위한 건설 재료에는 어떤 것이 있었을까?

산업 혁명의 영향으로 사람들은 철강, 시멘트, 판유리와 같은 재료를 개발하고 새로운 방식의 디자인과 건축 기법을 결합하여 다양한 건설 구조물을 만들었다. 또 해협 사이에 다리를 건설하는 등 이전까지는 불가능해 보였던 공사를 성공시킴으로써 건설 기술을 한 층 더 발달시켰다.

> 육지 사이에 끼여서 양쪽의 넓은 바다로 통하는 좁고 긴 바다.

수정궁

1851년, 제1회 영국 런던 만국 박람회를 개최하기 위해 조셉 팩스턴이 설계한 수정궁은 가로 124m, 세로 562m로 약 67,000㎡의 대지 위에 약 30만 장의 판유리와 4,500톤의 *주철을 주재료로 하여 건설되었다.

| **수정궁** 철강을 규격 재료로 만들어 조립한 최초의 건물로 철강재의 우수성을 가장 단적으로 보여 준 건물이었으나 1936년에 화재로 소실되었다.

수정궁은 이전까지 단 한 번도 시도된 적이 없는 대형 구조물로 투명하게 빛나는 벽과 지붕, 그리고 화려한 맵시를 자랑하는 새로운 양식의 건물이었다. 수정궁은 규격화된 철강 프레임과 벽면을 구성하는 규격 유리를 기본으로 사용한 조립식 건물로 공사 기간은 6개월밖에 걸리지 않았다고 한다.

> 뼈대, 틀

---

*
주철 1.7% 이상의 탄소를 함유하는 철의 합금을 말한다.

에펠탑

프랑스 파리의 센 강변에 위치한 철탑으로 1889년 프랑스 혁명 100주년을 기념하여 열린 파리 세계 박람회 때 프랑스인 에펠의 설계로 건축되었다. 에펠탑은 4개의 철각 구조로 철골을 엮어 만들었으며, 높이 약 324m로 당시 세계 최고층의 건축물이었다. 사용된 자재의 무게는 주철을 비롯하여 약 8,000톤이었으며, 탑의 본체에 사용된 철의 무게만 7,000톤이나 되었다. 에펠탑은 각각의 부재를 삼각형으로 서로 이어서 트러스를 만들어 가는 트러스 공법으로 설계되었고, 1,700여 장의 설계 도면과 3,700여 장의 부문 도면이 사용되었다. 그러나 에펠탑도 건설 초기에는 격렬한 찬반양론을 불러일으켰다. 건설을 반대한 사람들은 강철로만 탑을 건설하는 것은 문화와 예술의 도시인 파리를 망치는 흉물로 남을 것이라며 강한 비난을 쏟아냈다. 이러한 반대를 무릅쓰고 건설한 에펠탑은 원래 계획된 수명이 20년이었지만 120년이 지난 지금까지 파리의 명물로 건재하고 있다.

쇠로 만든 다리

철재로 된 건축물의 뼈대

뼈대를 이루는 재료

직선으로 된 뼈대 재료를 삼각형이나 오각형으로 엮어 짠 구조물

ThinkGen
에펠탑은 어떻게 무거운 철골을 엮어 위로 올렸을까?

| 에펠탑 금속으로 만들어졌기 때문에 녹을 방지하기 위하여 7년마다 50~60톤의 페인트로 도색 작업을 한다.

| **금문교** 주탑과 주탑 사이에 케이블을 늘어뜨려 연결하는 현수교 방식으로 건설하였다.

미국 캘리포니아 주 서안의 샌프란시스코 만과 태평양을 잇는 골든게이트 해협에 설치되어 있는 길이 2,789m, 너비 27m의 현수교이다. 이 다리는 조셉 B. 스트라우스가 설계하고 1933년에 착공하여 1937년에 완공하였다. 시속 100㎞가 넘는 바람, 짙은 안개, 빠른 물살 그리고 수면 아래의 복잡한 지형 때문에 건설이 불가능할 것으로 보였으나 현수교를 채택하여 4년 만에 완공하였다.

금문교는 교각 사이가 넓고 다리도 해수면으로부터 높게 위치하기 때문에 다리 밑을 대형 선박이 통과할 수 있고, 시속 160km의 풍속에도 견딜 수 있도록 설계되었다. 붉은색의 아름다운 교량은 주위의 경치와 조화를 잘 이루어 짙은 안개와 함께 샌프란시스코의 상징이 되었으며, 세계에서 가장 아름다운 다리로 꼽힌다.

금문교
(Golden Gate Bridge)

건축가 안토니 가우디

건축 역사상 최고의 천재 건축가로 꼽히는 스페인의 안토니 가우디는 시대를 앞서간 건축가이며, 그의 건축물은 건축의 역사에서 찾아볼 수 없는 혁신적인 것이었다. 가우디가 활동할 당시 건축 분야에서는 직선 중심의 구조물이 대부분을 차지하였다. 그러나 안토니 가우디는 자연의 선인 곡선을 건축에 주로 활용함으로써 자연의 아름다움을 최대한 표현하고자 하였다. 그래서 안토니 가우디를 '자연을 닮은 건축가'라고 부른다.

특히 안토니 가우디가 거대한 건축물을 만들 수 있었던 힘은 모형을 이용한 구조 실험에 있었다. 그는 이를 통해 *컴퓨터 시뮬레이션이나 공업화된 건축 재료도 없고 복잡한 구조 역학이 불가능했던 때의 기술의 한계를 극복하였다.

| **구엘 공원** 처음에는 전원도시를 조성할 목적으로 설계되었으며, 1900년부터 1914년까지 공사가 진행되었다. 그 후 자금난으로 공사가 중단되었으나 1922년 바르셀로나 시 의회가 이 땅을 사들여 이듬해 공원으로 탈바꿈시켰다. 구엘 공원은 직선이 아닌 곡선을 위주로 설계되었으며 화려하고 독특한 모자이크 장식과 타일 등으로 안토니 가우디의 건축 형식을 잘 보여 주고 있다.

*
컴퓨터 시뮬레이션 컴퓨터를 통해 실제 사건이나 과정을 시험적으로 재현하는 기법을 말한다.

│ 사그라다 파밀리아 성당 원래는 안토니 가우디의 스승인 비야르가 설계와 건축을 맡아 1882년부터 착공하였으나, 1883년부터 안토니 가우디가 맡게 되었다. 안토니 가우디는 이후 40여 년간 성당 건축에 열정을 기울였으나 1926년 6월 사망함으로써, 성당은 일부만 세워진 채로 공사가 중단되었다. 그 후 1953년부터 공사가 다시 시작되어 현재까지 진행되고 있으며, 안토니 가우디가 사망하고 난 후 100주년이 되는 2026년에 완공될 예정이다.

06 현대의 건설 기술

현대에는 건설 공법의 발달로 높이가 800m가 넘는 초고층 빌딩이 건설되고 있으며, 정보 통신 기술이 건설 기술과 융합되어 정보화·지능화된 건축물이 등장하고 있다. 이처럼 빠르게 발전하고 있는 현대 건설 기술의 특징은 무엇일까?

오늘날 과학 기술의 발달로 건설 분야에서도 과학화·전문화가 이루어지고 있으며, 다양한 첨단 기술이 도입되어 활용되고 있다. 각종 입체 트러스가 널리 사용되고, 가볍고 튼튼한 재료도 개발되어 실용화되고 있다. 아울러 구조적인 합리성을 추구하는 디자인이 새롭게 나타나고 있다. 그 결과 건설 규모가 확대되고 건설 구조물은 더욱 더 대형화·고층화되어 가는 추세이다.

초고층 빌딩

고대부터 신이 있다고 믿었던 인간은 하늘에 좀 더 가까워지려고 높은 건설 구조물을 지어 왔다. 그 전형적인 예가 이집트에 있는 쿠푸왕의 대피라미드로 높이가 147m이고, 전체 무게가 600만 톤 이상인 거대한 건축물이다.

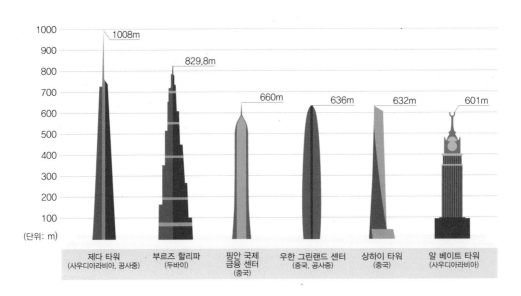

| 세계의 초고층 빌딩들의 높이

초고층 빌딩은 일반적으로 높이 200m 이상 또는 50층 이상인 건축물을 말한다.

과학 기술과 함께 의학 기술의 발달로 인간의 평균 수명이 길어지고, 인구 또한 꾸준히 늘어나면서 한정된 면적에 사람들이 생활할 수 있는 공간을 더 짓기 위해 건물 사이의 간격이 더욱 더 촘촘해지고 있다. 특히 건설 기술이 발달하면서 세계적으로 초고층 빌딩이 급격히 늘고 있다.

세계 최고 높이를 자랑하는 아랍 에미리트의 '부르즈 할리파(830m)', 세계 최초로 100층을 넘긴 미국 '엠파이어 스테이트 빌딩(381m)' 등은 각국을 대표하는 초고층 빌딩이다.

| 미국의 엠파이어 스테이트 빌딩

세계적으로는 50층 이상의 초고층 빌딩이 개별 및 단지 개념으로 증가하고 있으며, 미래 지향의 랜드마크 의미로도 점차 강조되고 있다. 또한 초고층 건축물은 도시 속의 도시 개념으로 현대의 도시 기능과 제도가 강조되는 대형 프로젝트이다. 따라서 이에 수반되는 최첨단 공학 기술과 하이테크(high-tech) 등의 요소를 감안한 설계, 구조, 신재료, 경제적 시공 기술이 더욱 요구된다.

↳ 어떤 지역을 대표하는 표지

↳ 고도로 발달된 첨단 과학 기술들

아하
그렇구나

초고층 빌딩을 건설하려면 어떤 건설 기술이 필요할까?

초고층 빌딩은 일반 건물과는 다른 방법과 기술로 지어야 한다. 먼저 건물이 위로 올라갈수록 아래로 실리는 무게를 견뎌야 하며, 지진과 바람 등을 대비하여 안전 문제도 해결해야 한다. 또한 건설 자재를 높은 곳으로 운반해야 한다. 초고층 빌딩에 사용되는 대표적 기술은 코어월과 고강도 콘크리트이다.

- **코어월(core wall)**: 초고층 건물을 건축하는 데 있어서 핵심이 되는 벽체로, 사람의 척추에 해당한다. 코어월이 건축물의 지반 깊숙이 단단하게 박혀 올라가야만 건물이 쓰러지지 않고 중심을 잡을 수 있다. 따라서 코어월은 높은 기준의 구조 강도가 요구되며 사용되는 콘크리트도 엄청나게 큰 압력을 견딜 수 있어야 한다.
- **고강도 콘크리트**: 보통 강도의 콘크리트에 비하여 압축 강도가 대폭적으로 향상된 콘크리트를 말하는데, 초고층 빌딩 건축에서 부재의 단면을 줄여 건축물의 무게를 줄이고, 건물의 강도를 높게 한다.

↳ 건물의 뼈대를 이루는 요소가 되는 여러 가지 재료

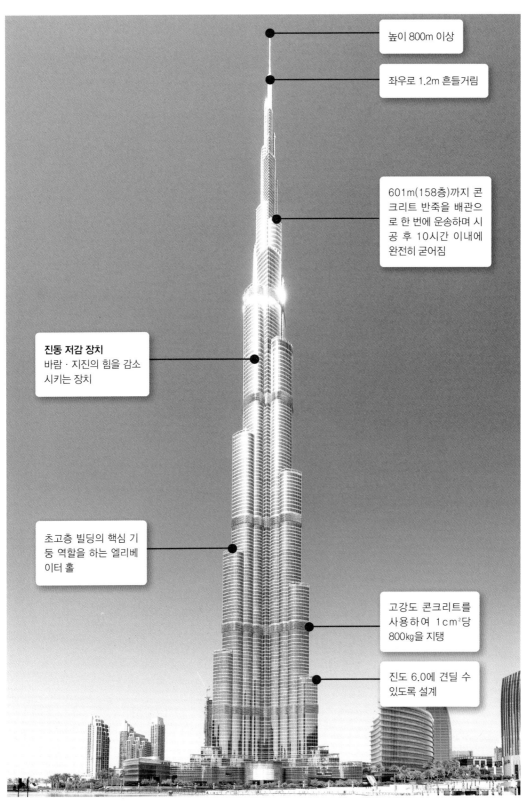

높이 800m 이상

좌우로 1.2m 흔들거림

601m(158층)까지 콘크리트 반죽을 배관으로 한 번에 운송하며 시공 후 10시간 이내에 완전히 굳어짐

진동 저감 장치
바람 · 지진의 힘을 감소시키는 장치

초고층 빌딩의 핵심 기둥 역할을 하는 엘리베이터 홀

고강도 콘크리트를 사용하여 1cm²당 800kg을 지탱

진도 6.0에 견딜 수 있도록 설계

| 부르즈 할리파의 건설에 사용된 첨단 기술들

인텔리전트 빌딩

인텔리전트 빌딩은 정보화 빌딩이라고도 할 만큼 건물 자동화 시스템(Building Automation System), 사무 자동화 시스템(Office Automation System), 정보 통신 시스템(Tele-Communication System) 등의 개별 기술과 시스템 통합 기술을 갖춘 빌딩으로, 자동 제어 시스템에 의해 쾌적하고 편리한 근무 환경(공기 조절, 조명, 방재 등을 자동 제어)과 입주자에 대한 다양한 서비스를 제공하는 건물이다.

1990년 초 통신과 컴퓨터 기술의 급속한 발전에 따라 하드웨어 중심의 건축물에 소프트웨어 부문인 정보 통신 기술과 사무 자동화 시스템이 접목됨에 따라 건물의 첨단화가 급속히 이루어졌다. 인텔리전트 빌딩은 컴퓨터와 제어 기술, 네트워크화라는 정보 기술의 진전에 따라 첨단 정보 설비들이 건축물에 미친 영향 때문에 생겨난 것으로 어떤 건축물이든 대상이 될 수 있다. 그리고 최근 글로벌 경제, 인터넷 경제 개념이 등장하면서 사무실 중심의 인텔리전트화가 주거용 건물로 점차 진화되어 가는 추세이다.

| **인텔리전트 빌딩** 빌딩 내의 각 시설을 효율적으로 제어하고 운영하여 근무자의 사무 작업 향상과 창조성을 발휘할 수 있는 공간의 제공, 인간을 위한 측면을 동시에 고려하는 것이 기본적인 사항이다.

시드니 오페라 하우스

오스트레일리아에 있는 시드니 오페라 하우스는 환상적인 디자인과 기술이 접목된 세계에서 가장 유명한 건축물 가운데 하나로 꼽힌다. 전체 길이 185m, 최고 너비 120m, 최고 높이 67m로 580개의 콘크리트 받침대가 총 16만 톤 건물의 무게를 지탱하고 있다. 건설하는 데만 총 16년이 걸려 1973년 완성된 시드니 오페라 하우스는 1992년 영국의 일간 신문 '타임스'에 의해 현대의 7대 불가사의 건물 중 하나로 뽑혔고, 현대의 건물로는 처음으로 2007년에 유네스코 선정 세계 유산으로 등재되었다.

시드니 오페라 하우스의 지붕은 '항해하는 범선의 돛과 같다.'라고 한다. 하지만 설계자인 덴마크의 건축가 요른 웃존은 이 디자인의 영감을 오렌지 껍질에서 얻은 것으로, 오렌지와 같은 원형을 잘라냈을 때 이러한 껍질 모양이 나온다는 점에 착안했다고 한다. 요른 웃존은 또 시드니 오페라 하우스의 지붕이 바다와 어울려 하늘 속 구름처럼 보이길 원했는데, 그는 이를 표현할 재료로 세라믹을 선택하여 유광과 무광의 세라믹 타일 빛이 날씨에 따라 변하도록 하였다.
↳ 고온에서 구워 만든 비금속 무기질 고체 재료

| 시드니 **오페라 하우스** 얇은 곡면판으로 공간을 덮은 셸 구조의 지붕은 오페라 하우스에서 가장 아름다운 모습이다.

미요 대교

프랑스 남부 미요 지방 근처 해발 1,100m 높이의 고산 지대 계곡에 위치한 미요 대교는 프랑스와 스페인을 연결하기 위해 만들어진 다리이다. 강바닥과 교각 사이의 최고 높이는 343m로, 300m 높이의 에펠탑보다 43m가 더 높다. 차가 지날 수 있는 노면은 270m 상공에 위치하여 안개가 낀 날에는 다리가 구름 위에 솟아 있는 듯한 장관을 연출하기도 한다.

미요 대교는 에펠탑의 시공사 에파주가 건설을 맡았는데, 에파주는 미요 대교의 건설로 프랑스 최고 높이의 건축물을 두 번이나 시공하는 기록을 보유하게 되었다. 미요 대교는 영국의 건축가 노먼 포스터와 프랑스 교량 전문 건축가 미셸 비를로죄가 공동으로 설계하였고, 다리의 상판은 바늘귀를 통과하는 실의 모습을 형상화하여 디자인하였다. 다리의 총 길이는 약 2.5km로 2001년부터 건설하기 시작하여 2004년 12월에 개통하였다.

미요 대교 건설에 들어간 철재와 콘크리트 등 자재만 29만 톤에 육박하였으며, 건설 비용은 5,575억 원이 쓰였다고 한다.

| **미요 대교** 세계에서 가장 높은 자동차 다리로 주탑과 비스듬히 연결된 케이블에 의해 다리 위의 도로가 지탱되는 사장교 방식으로 건설되었다.

07 우리나라의 전통 건설 기술

석굴암과 불국사, 종묘, 수원 화성 등은 유네스코 세계 유산으로 등재된 우리나라의 건축 구조물이다. 이는 우리 조상들이 지닌 건설 기술의 우수성을 잘 보여주는 사례이다. 우리나라의 전통 건축물에는 어떤 것이 있을까?

우리 조상들은 한옥, 사찰, 다리, 성곽 등의 건축물을 과학적이고 아름답게 건설하였다. 우리나라의 전통 주택인 한옥과 각 분야별 건축물에는 어떤 것이 있고 특징은 무엇인지 살펴보자.

흙벽
온도와 습도의 조절로 쾌적한 실내 공기를 만들어, 여름에는 시원하고 겨울에는 따뜻하게 해 준다.

처마
방 안에 들어오는 햇볕의 양을 조절하고, 비나 눈이 들이치는 것을 막아 준다.

기단
지면에 흙이나 돌을 쌓고 다져서 단단하게 만들어 놓은 곳으로, 건물의 모양을 돋보이게 하고 습기나 내려앉는 것을 막아 준다.

| 한옥의 구조

한옥

한옥은 우리의 전통 주택으로 여름에는 시원하고 겨울에는 따뜻해서 우리나라의 계절적 특성을 잘 고려한 구조를 갖추고 있다. 한옥은 나무가 건물의 주요 뼈대를 이루는 목구조 방식이고, 한식 지붕 틀로 된 구조로 돌, 볏짚, 나무, 흙 등 자연 재료를 사용하여 사람에게 유익하고 자연환경을 오염시키지 않는다. 또한 한옥 기와 사이의 틈은 공간을 형성하여 공기를 흐르게 하고 뜨거운 햇빛으로 데워진 지붕의 열을 식혀 주기도 한다.

질문이요 한식 지붕이란 무엇인가?

지붕보나 지붕대공 등의 수평과 수직 골격을 유지하는 부재(구조물의 뼈대를 이루는 데 중요한 요소가 되는 여러 가지 재료)로만 구성되는 지붕으로 하중은 서까래, 중도리를 통하여 지붕틀에 전달된다. 지붕을 볏짚 등으로 이은 것을 초가집, 흙을 빚어 구운 기와로 이은 것을 기와집이라고 한다.

↳ 들보 위에 세워서 마룻보를 받치는 짧은 기둥
↳ 수직재의 기둥에 연결되어 하중을 지탱하고 있는 수평 구조 부재

대청(마루)
무더운 여름철을 대비하여 방과 방 사이에 바람이 잘 통하도록 만들었으며, 방과 방을 연결하는 통로 역할을 한다.

서까래
지붕의 뼈대를 이룬다.

추녀
네모지고 끝이 번쩍 들린, 처마의 네 귀에 있는 큰 서까래이다.

한지
창문 통기성이 좋아 실내 공기를 정화하며, 창살을 다양한 문양으로 꾸며 장식적 효과를 높였다.

주춧돌
건물의 기둥을 받쳐 준다.

지붕 한옥의 지붕 모양은 매우 다양하다. 지붕 양식으로는 팔작지붕, 맞배지붕, 우진각 지붕, 십자형 지붕, 육모 지붕, 낮춤 지붕, 정자형 지붕 등이 있다. 그중에서도 팔작지붕, 맞배지붕, 우진각 지붕은 전통 가옥에서 가장 많이 쓰는 양식이다.

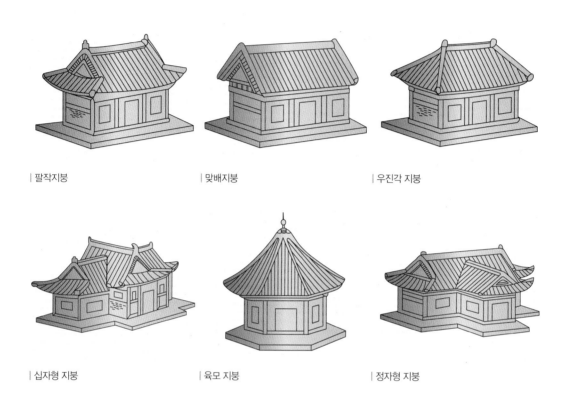

| 팔작지붕　　　　　　　 | 맞배지붕　　　　　　　 | 우진각 지붕

| 십자형 지붕　　　　　 | 육모 지붕　　　　　　 | 정자형 지붕

공포 처마 끝의 무게를 받치기 위하여 기둥머리에 짜 맞추어 댄 것으로, 지붕의 무게를 기둥에 전달 및 분배하는 부재이다. 화려한 색채와 조각으로 장식하여 한옥의 아름다움을 돋보이게 하며 다포 양식, 주심포 양식, 익공 양식 등이 있다.

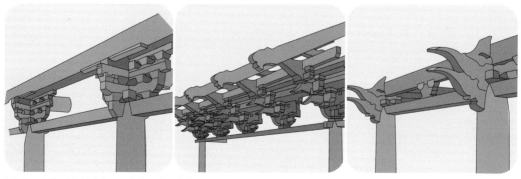

| **주심포 양식** 기둥 위에만 공포가 있는 양식 이다. | **다포 양식** 공포가 기둥 위뿐만 아니라 기둥 사이에도 있는 양식이다. | **익공 양식** 주심포 양식 중에서 새의 날개 모 양으로 장식한 양식이다.

처마 한여름에 해가 높이 떴을 때 바깥으로 넓게 퍼진 처마는 뙤약볕을 충분히 가려 주어 실내를 시원하게 한다. 반면에 겨울에는 해가 낮게 떴을 때 끝이 들려 있는 처마는 낮은 각도의 햇빛이 오래도록 집 안으로 들어오게 하여 실내를 따뜻하게 해 준다.

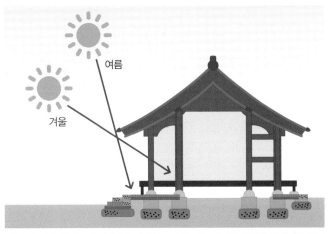

| **한옥의 처마** 한여름의 뙤약볕을 가려 주고, 낮은 각도의 겨울 햇빛을 집 안으로 들어오게 한다. 또한, 처마는 눈이나 비가 들이치는 것도 막아 준다.

온돌 추운 겨울을 따뜻하게 보내기 위한 우리 민족 고유의 난방 방법으로, 방바닥 밑에 넓고 편평한 돌을 놓고 아궁이에서 불을 지피면 뜨거운 불기운이 방 밑의 고래를 통해 이동하면서 구들장을 달구어 방바닥을 데우는 방식이다. 데워진 방바닥은 열을 내보내 방 전체를 따뜻하게 해 준다.

방의 구들장 밑으로 나 있는, 불길과 연기가 통하여 나가는 길
방고래 위에 깔아 방바닥을 만드는 얇고 넓은 돌

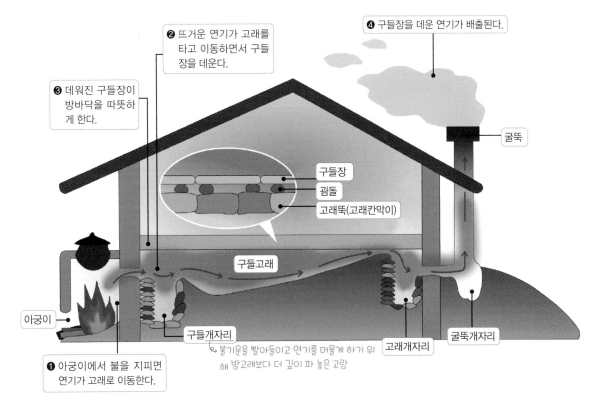

❷ 뜨거운 연기가 고래를 타고 이동하면서 구들장을 데운다.

❹ 구들장을 데운 연기가 배출된다.

❸ 데워진 구들장이 방바닥을 따뜻하게 한다.

굴뚝

구들장
굄돌
고래둑(고래칸막이)

구들고래

아궁이

구들개자리

불기운을 빨아들이고 연기를 머물게 하기 위해 방고래보다 더 깊이 파 놓은 고랑

고래개자리

굴뚝개자리

❶ 아궁이에서 불을 지피면 연기가 고래로 이동한다.

| **온돌의 구조** 온돌은 공기만 데우는 난로에 비해 난방 효과가 우수하다.

기단과 주춧돌 기단은 건물 밑부분에 쌓아 올린 단으로 넘치는 빗물이 땅으로부터 올라오는 습기를 막아 주는 역할을 한다.

주춧돌은 기둥 밑에 기초로 놓인 돌로 지면에서 기둥으로 올라오는 습기를 차단해 주고, 기둥의 무게를 받아 기단을 통해 지반에 효율적으로 전달하는 역할을 한다. 막돌을 주춧돌로 사용하게 되면 대부분 기둥뿌리와의 접합부가 맞지 않으므로 이를 보완하기 위해 기둥 밑부분을 주춧돌 윗면의 모양대로 깎아 내는 '그랭이질'을 한다. 그랭이질을 이용하면 울퉁불퉁한 자연석을 다듬지 않아도 주춧돌로 사용할 수 있다.

| 기단

| 주춧돌

한옥의 기둥에 하는 그랭이질이란?

한옥을 지을 때 나무로 된 기둥을 땅에 세우면 쉽게 썩기 때문에 돌을 놓고 그위에 기둥을 세운다. 이때 나무 기둥의 아래쪽을 울퉁불퉁한 돌의 모양에 맞추어 파낸 후 세웠는데, 이를 그랭이질이라고 한다. 이렇게 하면 주춧돌과 기둥이 자연스럽게 어우러질 뿐만 아니라 주춧돌과 나무 기둥이 하나로 밀착되어 지진에도 잘 견딜 수 있다고 한다.

| 그랭이질한 기둥

경주 첨성대

　동양에서 가장 오래된 천문대인 경주 첨성대는 돌 하나하나에 상징적 의미가 담겨 있으며, 당시의 높은 과학 수준을 보여 주는 건설 구조물이다. 신라 선덕 여왕(재위 632~647) 때 건립된 것으로 추측되며, 현재 동북쪽으로 약간 기울어져 있긴 하나 원래의 모습을 거의 간직하고 있다. 하늘의 움직임에 따라 농사 시기를 결정할 수 있다는 점과 별의 관측 결과에 따라 국가의 길흉을 점치던 *점성술이 고대 국가에서 중요시되었던 점으로 미루어 보면 천문학이 정치와도 관련이 깊음을 알 수 있다. 〔운이 좋고 나쁨〕

　첨성대의 '첨(瞻)'자는 '살펴보다', '우러러보다'라는 의미를 가지고 있다. 첨성(瞻星)은 '별을 살펴보다'라는 뜻으로 천문대라고 할 수 있다. 첨성대에서는 어떻게 별을 관측하였을까? 옛 기록에 의하면, "사람이 가운데로 해서 올라가게 되어 있다."라고 하였는데, 바깥쪽에 사다리를 놓고 창을 통해 안으로 들어간 후 사다리를 이용해 꼭대기까지 올라가 하늘을 관찰했던 것으로 추측된다.

| **경주 첨성대** 오랜 세월 원래의 모습을 보존할 수 있었던 이유는 첨성대를 만들 때 땅을 1.5m 이상 파서 큰 돌을 채우는 기초 공사를 튼튼히 하였고, 내부에 창문 높이까지 흙을 채워 넣어 원형으로 쌓은 돌들이 안쪽으로 무너지지 않도록 했기 때문이다.

* ─────────
　점성술 별의 빛이나 위치, 운행 따위를 보고 개인과 국가의 길흉을 예측하는 점술이다.

첨성대의 구조는 외형상 크게 세 부분으로 이루어져 있다. 기단부는 정사각형으로 쌓고, 원통부는 부채꼴 모양의 돌로 27단을 쌓아 올렸으며, 정상부는 정(井)자 모양으로 맞물린 기다란 석재가 바깥까지 뚫고 나와 있다. 13단과 15단의 중간에는 남쪽으로 네모난 창을 내었다.

건축물의 터보다 한 층 더 높게 쌓은 단 ◁
◁ 우물 정

그리고 원주형으로 쌓은 27단과 첨성대 맨 위의 정(井)자 모양의 돌까지 합치면 28단으로 이는 기본 별자리 28수를 의미하며, 중간 12단의 석단은 1년, 즉 12달, 24절기를 의미한다. 정(井)자 모양의 돌은 동서남북의 방위를 가리킨다. 이렇듯 첨성대는 갖가지 상징과 과학적인 구조로 되어 있다. 즉, 정사각형의 바닥은 네모난 땅을 상징하고 원형의 몸통은 둥근 하늘을 상징하는데, 이것은 당시의 사람들이 생각한 우주의 구조를 표현한 것이다.

◁ 둥근 기둥
◁ 돌로 된 재료

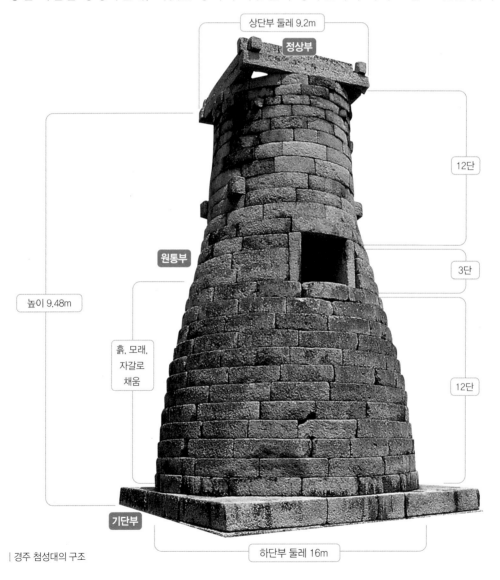

상단부 둘레 9.2m
정상부
12단
원통부
3단
높이 9.48m
흙, 모래, 자갈로 채움
12단
기단부
하단부 둘레 16m

| 경주 첨성대의 구조

석굴암

통일 신라의 문화와 과학의 힘, 그리고 종교적 열정의 결정체인 석굴암은 건립 당시에
석불사라는 다른 이름을 가졌었다. 석굴암은 자연 석굴이 아닌 다듬은 돌을 쌓고 그 위에
⤷ 노력의 결과를 얻은 보람을 비유한 말
흙을 덮어 만든 인공 석굴로 751년(경덕왕 10년) 김대성에 의해 건설되기 시작하여 774년(혜
공왕 10년)에 완성되었다.

석굴암의 구조는 크게 세 부분으
로 나눌 수 있는데, 본존불이 있는
주실과 통로인 비도, 참배하는 공간
인 전실이다. 주실은 원형이고 전실
은 방형인데, 이러한 형태는 고대인
⤷ 네모꼴
들의 '하늘은 둥글고 땅은 네모나다'
고 생각하는 천원지방(天圓地方) 사상
하늘 천 ⤷   ⤷ 땅 지
둥글 원 ⤷   ⤷ 모 방
을 반영한 것이다.

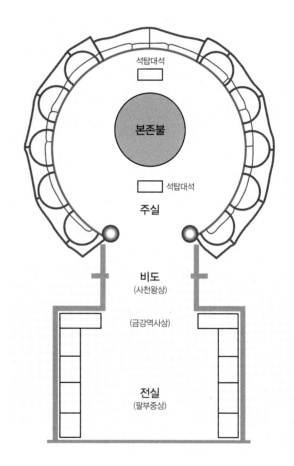

| 석굴암의 구조

석굴암의 본실 천장은 둥그런 모
양의 돔형으로 돌을 쌓아 올려 만들
었다. 기단이 쌓인 맨 위쪽에 천장
⤷ 고인돌 등에서 굄돌이나 받침을 위해 올려진 큰 돌
덮개돌이 덮여 있고 기단의 3층부터
⤷ 넓은 돌을 받치거나 끼워 맞추는 돌
는 동틀돌이라는 것이 박혀 있다. 천
장을 쌓는 데 사용된 동틀돌은 기단
과 기단 사이에 박혀 있는데, 기단
이 높아짐에 따라 크기와 형태를 다
르게 하여 각 단에 10개씩 쌓았다.
동틀돌은 돔의 균형을 잡아 주고 기단을 지탱하면서 지렛대의 역할을 하여 기단의 무게를
분산시킨다.

또한, 동틀돌이 기단을 안쪽으로 밀려가지 못하게 하여 기단이 무너지지 않도록 하였
다. 천장 덮개돌은 손잡이가 없는 찻잔을 거꾸로 엎어 놓은 모양으로 무게가 20톤이나 되
지만, 돔형으로 시공했기 때문에 역학적 균형을 이루어 매우 튼튼하고 안정된 구조이다.

석굴암은 습도를 조절하기 위하여 열린
⤷ 바람이 통함
통풍 구조를 갖추고 있다고 한다. 주실 지붕

ThinkGen
인공 석굴인 석굴암은 어떻게 습도를 조절하였을까?

인 천장 덮개돌 위에는 직경 수십 cm의 돌들이 1m 정도 쌓여 있으며, 그 사이사이에 공기층이 형성되어 외부 공기가 안팎으로 쉽게 드나들면서 습도를 조절하도록 하였다. 또한 석굴암 밑으로는 감로수라는 차가운 물을 흐르게 함으로써, 석굴 내부의 습기가 바닥 쪽으로 모여들어 물방울로 변하여 땅속으로 스며들게 하였다.

그러나 일제 강점기 때 과학적 원리를 적용한 석굴암의 석재들을 모두 해체하고 재조립하면서 시멘트를 이용하여 보수 공사를 하는 바람에 돔 내부의 고온 다습한 공기의 흐름이 차단되었다. 그 결과 이슬 맺힘 현상(결로 현상)이 나타나고 내부 벽면에 이끼가 발생하였다. 이에 1976년부터 석굴암의 보존을 위해 전실 앞부분에 유리로 차단막을 설치하여 일반 관람객들의 출입을 제한하고 있다.

| 석굴암 본존불

| 석굴암의 내부

석굴암의 천개석에 얽힌 전설

　석굴암 주실은 돔 양식으로 건축되었다. 돔을 구성하는 돌은 360여 개이고, 다른 석굴과 달리 돔 위에 수많은 돌과 흙을 덮었다. 석굴암의 천장은 마개로 막듯이 천장 한가운데를 연꽃 형상의 돌(연화문 천개석)로 막았다. 그런데 이 천개석은 세 조각으로 갈라져 있는데, 일연의 삼국유사에는 이와 관련된 전설이 기록되어 있다.

↳ 석굴 건축에서 천장을 덮는 돌

　석굴암 창건자 김대성이 천장에 붙일 연꽃무늬의 돌을 조각하고 있을 때 갑자기 그것이 세 조각으로 쪼개져 버렸다. 그는 한탄하며 실망하다가 깜빡 잠이 들었는데, 천신이 내려와 세 조각으로 쪼개진 천장을 원형 그대로 고쳐 놓은 다음 어디론지 슬그머니 사라져 버렸다. 김대성이 잠에서 깨어 보니 석굴암 천장이 고쳐져 생각한 대로 완성되어 있었고, 이에 감격한 김대성은 천신께 제사를 지냈다고 한다.

↳ 하늘에 있다는 신

석빙고

석빙고는 얼음을 넣어 두던 창고로 삼국 시대 때 신라에도 있었다는 기록이 있지만, 현재 남아 있는 것은 조선 시대에 만들어진 것이다.

석빙고는 화강암을 재료로 하여 천장을 아치형으로 만들고 그 사이사이에 움푹 들어간 공간을 두었다. 이는 차가운 공기는 내려가고, 더운 공기는 위로 올라가서 0℃ 안팎의 온도를 유지할 수 있도록 한 구조이다. 또한 빗물을 막기 위해 석회암과 진흙으로 방수층을 만들었으며, 얼음과 벽 및 천장 틈 사이에는 왕겨, 밀짚, 톱밥 등의 단열재를 채워 내부의
 _{보온을 하거나 열을 차단할 목적으로 쓰는 재료}
냉기가 밖으로 빠져나가지 못하게 하고, 외부의 열기를 차단하였다. 그리고 석빙고의 바닥은 흙으로 다진 후 그 위에 넓은 돌을 깔았고, 바닥을 경사지게 만들어 얼음이 녹아서 생긴 물이 자연적으로 배수되도록 하였다. 석빙고의 외부는 봉분 모양으로 만들고 잔디
 _{흙을 둥글게 쌓아 올려서 무덤을 만듦. 또는 그 무덤}
같은 풀을 심어 햇빛을 반사시키고, 풀에서 나온 습기로 석빙고의 온도를 낮추게 하였다. 그리고 2~3곳에 환기구를 만들어 외부의 공기와 통할 수 있도록 하였다.

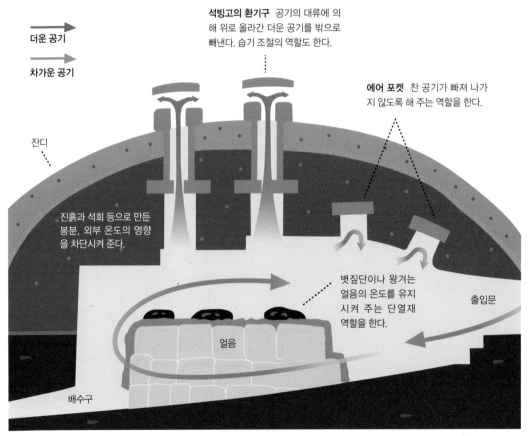

석빙고의 환기구 공기의 대류에 의해 위로 올라간 더운 공기를 밖으로 빼낸다. 습기 조절의 역할도 한다.

에어 포켓 찬 공기가 빠져 나가지 않도록 해 주는 역할을 한다.

더운 공기

차가운 공기

잔디

진흙과 석회 등으로 만든 봉분, 외부 온도의 영향을 차단시켜 준다.

볏짚단이나 왕겨는 얼음의 온도를 유지시켜 주는 단열재 역할을 한다.

출입문

얼음

배수구

| **석빙고의 원리** 입구에서 계단을 따라 내려가면 들어갈수록 바닥이 경사진 구조로 되어 있어 얼음 녹은 물이 배수구로 쉽게 흘러간다.

농다리

충청북도 진천에는 우리나라의 다리 중에서 가장 오래되었다는 농다리가 있다. 농다리는 다듬지 않은 자연석으로 돌무더기를 쌓아 놓은 것 같지만, 과학적이며 튼튼한 구조로 만들어진 다리이다. 진천 농다리는 전체 길이가 93.6m, 너비가 3.6m이며, 돌로 1.2m 높이의 교각을 쌓아 만들었다. 크고 작은 돌을 맞물리게 쌓아 서로 눌러주고 지탱해 주도록 하여 빈 공간에 석회나 흙을 채워 넣지 않고도 튼튼하게 버틸 수 있도록 하였다. 또한, 28개의 수문을 내고 그 위에 큰 돌로 상판을 놓아 거친 물살에도 떠내려가지 않도록 만들었다. 붉은빛을 띠는 돌을 모아 지네 모양으로 만들었다고 하여 '지네다리'라고 부르기도 한다.

| **진천 농다리** 작은 돌을 물고기 비늘처럼 쌓아 올린 후, 지네 모양을 본떠 길게 만들었다. 28칸의 수문은 별자리 28수를 나타낸다.

수원 화성

조선 시대 성곽 건축의 꽃이라는 평을 받고 있는 수원 화성 건설은 18세기 말 대표적인 신도시 프로젝트로 정조의 명에 의해 추진되었다.

전체 둘레는 약 5.7km, 높이는 약 4.9~6.2m이고, 토성과 석성의 장점을 살려 튼튼하게 쌓았다. 망루인 _{돌로 쌓은 성} _{흙으로 쌓은 성} 공심돈 3군데와 장안문, 팔달문, 화서문, 창룡문 등 대문 4개, 장대 등 48개의 군사 시설을 두고 있다. 성벽은 바깥쪽만 쌓아 올리고 안쪽은 자연 지세를 이용하여 흙을 돋우어 메우는 축성술로 자연과 조화를 이루게 하였다. _{성을 쌓는 기술}

녹로 두 개의 장대 끝에 도르래를 달고 끈을 얼레에 연결하여 돌을 높이 들어 올리던 높이가 11m의 도구로 성벽을 쌓는 데 주로 사용하였다. _{줄을 감는 데 쓰는 기구}

서북공심돈 전쟁이 일어났을 때 적의 동향도 살피고 공격을 할 수 있도록 외부에 구멍을 뚫어 놓은 망루이다.

팔달문 화성의 4대문 중 남쪽 문으로 모든 곳으로 통한다는 '사통팔달'에서 유래한 이름이다.

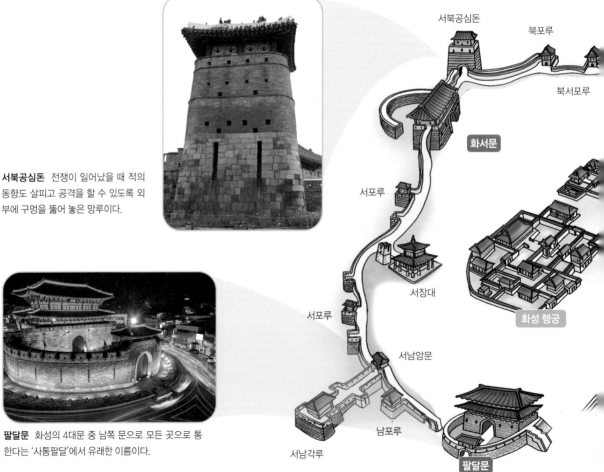

서북공심돈 북포루
북서포루
화서문
서포루
서장대
화성 행궁
서남암문
서포루
남포루
서남각루
팔달문

또한 벽돌과 석재를 혼용한 축성법, 거중기의 활
용, 목재와 벽돌의 조화를 이룬 축성 방법 등은 성곽
축성술의 결정체라고 할 수 있다. 수원 화성을 쌓은
후 1801년에 발간된 '화성성역의궤'에는 축성 계획,
제도, 법식뿐만 아니라 동원된 인력의 인적 사항, 재
료의 출처 및 용도, 예산 및 임금 계산, 시공 기계, 재
료 가공법, 공사 일지 등이 상세히 기록되어 있어 역
사적 가치가 큰 것으로 평가되고 있다.

| **거중기** 작은 힘으로 무거운 물건을 들어 올릴 수
있도록 고안한 장치이다.

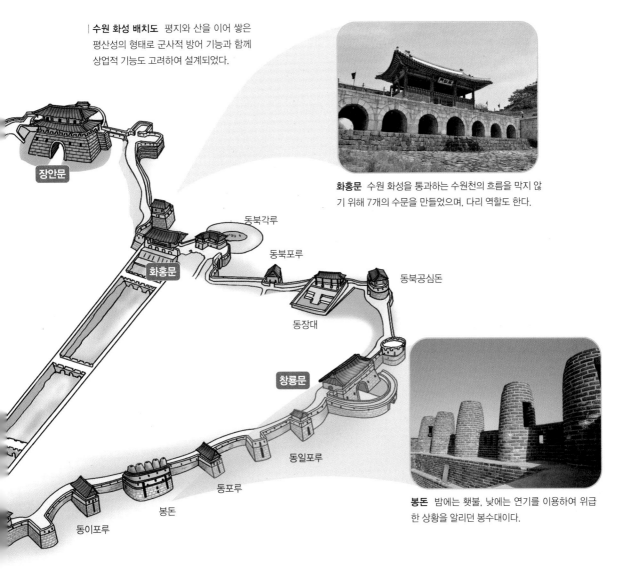

| **수원 화성 배치도** 평지와 산을 이어 쌓은
평산성의 형태로 군사적 방어 기능과 함께
상업적 기능도 고려하여 설계되었다.

장안문

동북각루

동북포루

동북공심돈

화홍문

동장대

창룡문

동일포루

동포루

봉돈

동이포루

화홍문 수원 화성을 통과하는 수원천의 흐름을 막지 않
기 위해 7개의 수문을 만들었으며, 다리 역할도 한다.

봉돈 밤에는 횃불, 낮에는 연기를 이용하여 위급
한 상황을 알리던 봉수대이다.

수표교

수표교는 조선 세종 때 만들어진 다리로, 화강암의 기초석 위에 2단 돌기둥을 세우고 그 위에 단순 종단보를 걸친 뒤 그 위에 다시 횡단보를 얹었다. 이들 횡단보에 판석을 얹어 그 위로 보행할 수 있도록 하였으며, 전체 길이 27.5m, 너비 7.5m, 높이 4m의 다리이다. 수표교는 물 흐름의 저항을 줄이기 위하여 교각의 마름모 방향이 물이 흐르는 방향과 일치하도록 제작되었다.

↳ 세로로 이은 들보   ↳ 가로로 이은 들보   ↳ 넓고 평평한 돌

수표교란 이름은 이 다리의 옆에 수표가 설치되어 있었기 때문이다. 수표는 청계천에 흐르는 물의 양을 잴 수 있는 측정 기구로 홍수와 가뭄에 대비하여 물 높이를 측정하기 위해 세웠다. 처음에는 나무 기둥으로 수표를 세웠으나, 눈금이 금방 마모되거나 쉽게 썩는 탓에 수표의 구실을 제대로 하지 못하였다. 그리하여 성종 때 돌기둥으로 된 수표로 개량하였다. 지금까지 남아 있는 수표는 높이 3m, 폭 20cm의 화강암으로 된 육면체 돌기둥이다. 위에는 연꽃무늬가 새겨진 삿갓 모양의 머릿돌이 올려져 있고, 밑에는 주춧돌이 땅속 깊이 박혀 있다. 돌기둥의 양면에는 1척(21㎝)에서 10척까지 눈금을 새기고 3·6·9척에는 ○ 표시를 하여 각각 갈수(渴水)·평수(平水)·대수(大水)라고 표시하였다.

↳ 물이 마름   ↳ 물의 양이 보통임   ↳ 물의 양이 많음

| **수표교와 수표** 1959년 청계천 복개 공사 때 서울시 중구 장충단 공원으로 이전하였고, 수표는 1973년에 다시 서울시 동대문구 세종대왕 기념관으로 옮겨졌다.

↳ 하천에 덮개 구조물을 씌워 겉으로 보이지 않도록 함. 또는 그 덮개 구조물

조선 시대의 역대 임금과 왕비의 신주를 모셔놓고 제사를 지내던 왕실의 사당으로 태조 3년(1394)에 착공하여
다음해에 정전을 완성하고, 세종 3년(1421)에 영녕전을 세웠으나 임진왜란 때 타 버리고, 광해군 즉위년(1608)
에 다시 세운 것이 현재 서울시 종로 3가에 남아 있다.

| **종묘 정전** 조선 시대 중기의 건축 양식을 잘 보여 주고 있으며, 제사를 올리는 장소에 맞도록 구조와 장식 · 색 등이 간결하고 장중한 느낌
을 주도록 만들었다.

| **종묘 영녕전** 정전의 서북쪽에 위치한 종묘의 별묘로서, 모셔야 할 왕의 신주가 늘어남에 따라 짓게 되었다.

토론 초고층 빌딩의 건설은 필요할까?

인간이 생활할 수 있는 면적은 제한되어 있는 데 반해, 인구는 꾸준히 늘어나면서 갈수록 고층 빌딩들이 밀집하여 들어서고 있다. 특히 건축 기술이 발달하면서 세계적으로 초고층 빌딩이 급격히 늘고 있다.

초고층 빌딩은 21세기 도시 간 경쟁 시대에서 도시 경쟁력 강화와 이미지를 향상시킬 수 있고, 토지 이용의 효율성을 높일 수 있을 뿐만 아니라 관광 상품으로 활용하여 경제적 효과까지 기대할 수 있다. 또한 초고층 빌딩의 경우 설계 단계에서부터 튼튼한 구조로 설계가 되며, 고성능 콘크리트를 사용하기 때문에 빌딩의 수명이 일반 빌딩에 비해 긴 특징을 가지고 있다.

그러나 초고층 빌딩은 자연 환기가 어렵고, 빌딩의 열 손실이 많아 에너지 소비가 증가하며, 초고층 빌딩 주변 지역의 교통 혼잡 및 취약한 재난 안전, 건설비 상승 등의 문제점을 안고 있다.

1 단계 글쓰기 전에 초고층 빌딩에 관하여 마인드맵을 그려 보자.

초고층 빌딩

 2 단계 초고층 빌딩 건설에 대한 자신의 입장을 정리해 보자.

건설 구조물은 건축 구조물과 토목 구조물로 구분합니다. 우리가 생활하기 위해 짓는 주택, 학교, 병원, 공장 등을 건축 구조물이라 하고, 국가나 지방 자치 단체 등에서 공공의 편의나 복지를 향상시킬 목적으로 건설하는 도로, 교량, 하천의 제방, 댐, 상수도, 하수도, 터널 등을 토목 구조물이라고 합니다. 이 단원에서는 건축 구조물과 토목 구조물에 대해 알아보겠습니다.

건설 구조물

01 건축 구조물

과거에는 단순히 인간의 주거 기능을 중시한 건축 구조물을 지었으나, 현재는 인간의 정신적 · 정서적 면
까지 배려하고 있다. 건축 구조물은 어떻게 분류할 수 있을까?

일정한 곳에 머물러 사는 것, 또는 그런 집

건축 구조물은 용도에 따라 주거용 건축 구조물, 상업용 건축 구조물, 공공용 건축 구조
물로 분류한다.

주거용 건축 구조물

보통 주택이라고도 하며 인간 생활에 필요한 기초적 공간이다. 주택은 인간에게 안전과
휴식을 제공할 뿐만 아니라, 세대원들이 문화생활을 누리는 장소이기도 하다. 우리나라의
주택법에서는 주택의 종류를 단독 주택과 공동 주택으로 구분하고 있다.

| 단독 주택은 단일 가구를 위해 단독 택지에 건축한다.

단독 주택 ^가구, 집안 식구 한 세대가 따로 생활할 수 있는 한 채의 주택으로, 개인의 취향대로 주거 계획을 세우고 독립된 주거 환경을 누릴 수 있다.

공동 주택 여러 세대가 한 건축물 안에 살면서 벽, 복도, 계단과 같은 시설의 전부 또는 일부를 공동으로 사용할 수 있는 구조로 된 주택을 말한다. 공동 주택에는 연립 주택, 다세대 주택, 아파트 등이 있다.

연립 주택은 주택으로 사용하는 한 개 동의 바닥 면적(지하 주차장은 면적은 제외)의 합계가 660㎡를 초과하고, 층수가 4층 이하인 주택이다.

다세대 주택은 주택으로 사용하는 한 개동의 바닥 면적의 합계가 660㎡ 이하이고, 층수가 4층 이하인 주택이다. 만일 두 개 이상의 동을 지하 주차장으로 연결하는 경우에는 각각의 동으로 보며, 지하 주차장 면적은 바닥 면적에서 제외한다.

아파트는 5층 이상의 공동 주택으로 여러 세대가 각각 독립적으로 생활할 수 있는 구조로 되어 있다. 아파트란 명칭은 영어의 'Apartment'에서 유래하였는데, 'Apartment'가 미국과 같은 영어권 나라에서는 임대용 공동 주택, 일본어의 '아파토(アパート)'가 서민형 연립 주택을 가리키는 데 비해 우리나라의 아파트는 분양을 위한 다층 공동 주택을 의미한다.

Think Gen
복도식 아파트와 계단식 아파트의 차이는 무엇일까?

| 최근에는 아파트를 지으면서 단지 주변에 연못이나 공원 등을 조성하여 쾌적한 환경을 제공하고 있다.

몽골의 게르 유목 생활에 맞게 조립과 해체를 신속하게 할 수 있는 형태의 천막집으로 나무와 펠트를 주재료로 이용한다.
↳ 양털이나 그 밖의 짐승의 털에 습기·열·압력을 가하여 만든 천

시베리아의 통나무집 타이가라고 불리는 울창한 침엽수림대의 나무를 이용하여 짓는다.

중국 푸젠성의 토루 안쪽의 마당을 중심으로 한 원형이나 사각형 모양의 공동 주택으로, 외부의 침입을 막기 위해 지었다. 토루는 두껍고 무게가 나가는 흙벽과 나무 골조를 사용하여 만들었다.

지중해의 돌집 여름철에 고온 건조한 지중해성 기후에 적합한 가옥 형태이다. 강한 햇빛을 막기 위해 벽은 두껍고 창문은 작게 만들었다. 담벼락은 그늘을 만들기 위해 높이 쌓고 석회석으로 하얗게 칠하여 햇빛을 반사시킨다.

유럽

아시아

아프리카

사하라 사막의 집 사막의 건조하고 무더운 기후에 적합하도록 창문은 작게 내고, 지붕은 평평하게 해서 사각형 형식으로 만든다.

필리핀의 바하이 쿠보 고온 다습한 날씨에 온도 조절이 쉽고, 태풍으로 무너져도 쉽게 수리할 수 있도록 대나무로 골격을 만들고 코코넛 잎을 엮어서 지붕을 만든다.

세계의 전통 주택

일본의 갓쇼즈쿠리 눈이 많이 내리는 지역에서 볼 수 있는 건축 양식으로, 억새로 만든 맞배 지붕의 기울기가 매우 급한 것이 특징이다.

북극 지역의 이글루 에스키모들이 눈으로 만든 블록이나 얼음을 쌓아서 만든 집으로 눈덩이를 블록 모양으로 자른 다음, 아래에서부터 둥글게 쌓아 올려서 짓는다.

아마존 강 유역의 집 아마존 강의 범람을 피하기 위하여 지면에 기둥을 높이 세우고, 그 위에 집을 짓는다.

북아메리카

태평양

대서양

남아메리카

오세아니아

남태평양의 수상 주택 무더위와 해충을 피하기 위해 물 위에 집을 짓고 생활한다.

상업용 건축 구조물

다양한 의식주 관련 상품의 판매, 각종 서비스 제공 등 상업적인 목적으로 건설하는 건축 구조물로 백화점, 대형 할인점, 호텔, 은행, 극장 등이 있다.

| **상업용 건축 구조물** 상품 판매나 서비스 제공을 목적으로 하는 건물로, 상품의 가치를 높이고 고객에게 편의를 제공할 수 있도록 설계되어야 한다.

공공용 건축 구조물

공공복지 서비스를 제공하고 주민들의 생활에 편의성을 제공하기 위해 건설하는 건축 구조물로 학교, 도서관, 병원, 체육관 등이 있다.

| **공공용 건축 구조물** 지역 사회의 많은 사람이 이용할 수 있도록 지역의 특징과 여건 등 여러 가지를 고려하여 짓는다.

베란다, 발코니, 테라스, 필로티

발코니 거실을 연장하기 위해 밖으로 돌출시켜 만든 공간으로 지붕이 없고 난간이 있는 것이 특징이다. 건물의 외관을 아름답게 만드는 장식적 요소의 하나로 건물의 전용 면적에 해당되지 않는다. 아파트 등의 공동 주택에서 출입구, 엘리베이터, 계단 등 공용 면적을 뺀 나머지 바닥 면적

베란다 건물 아래층의 바닥 면적이 넓고 위층의 면적이 좁을 경우 위층의 지붕 부분이 남게 되는데 이곳을 활용한 공간이다. 건축 면적에서 제외되는 공간으로 벽이나 지붕을 설치하여 거실이나 주거 공간으로 활용하는 것은 불법이다.

테라스 정원의 일부에 설치한 공간으로 거실이나 주방과 바로 이어지며 지붕은 만들지 않는다. 대개 실내 바닥 면보다 20cm 정도 낮게 만들기 때문에 1층에만 설치하며, 바닥에는 타일이나 벽돌, 나무, 돌 등을 깔아 놓는 경우가 많다. 테이블을 놓을 수 있고, 어린이들의 놀이 공간, 일광욕 장소 등으로 쓰이기도 하며, 건물의 안정감이나 정원과의 조화를 위해 만들기도 한다.

필로티 지상에 기둥을 세우고 그 위에 건물 전체 또는 일부를 지음으로써 건물과 지상 사이에 생기게 된 공간이다.

02 도로

고대 로마 제국은 전성기 때 수십 만 km에 이르는 도로망을 갖추었다. 이 도로를 바탕으로 제국을 효과적으로 통치한 결과 '모든 길은 로마로 통한다'는 말까지 생겼다. 로마 시대 이후 도로는 어떻게 발전해 왔을까?

도로는 인류 역사와 함께 발달하면서 생산과 유통 등 경제적 기능은 물론, 정치적·문화적으로 중요한 역할을 하였다.

| 터키 서부의 고대 도시 사르디스에 남아 있는 고대 페르시아 '왕의 길' 유적

청동기 시대에 들어와 농업과 목축이 본격적으로 이루어지면서 고대 문명이 나타났으며, 고대 문명 지역에 도시가 형성되어 인구가 증가하고 교역이 활발해졌다. 이에 따라 도로가 등장하여 교역로로 사용되었는데 당시의 도로는 돌, 벽돌, *역청 등으로 조성되었다.

로마 제국 시대에는 다른 나라를 정복하면서 도로망이 점차 확대되어 갔다. 로마의 포

Think Gen
우리 주변에는 많은 도로가 있는데 도로의 주된 역할은 무엇일까?

| 로마 시대에 도로를 건설하는 모습

〈참고: 로마인들의 도로(The Roads of the Romans)〉

* ──────────
역청 천연의 아스팔트나 탄화수소 화합물을 가열·가공할 때 생기는 흑갈색 또는 갈색의 타르 같은 물질을 말한다. 시멘트처럼 끈끈하게 달라붙는 성질이 있어 건축에 이용되었다.

장도로는 4개층으로 이루어져 있었다. 맨 아래 층은 모래로 기초를 닦고, 그 위에 큰 돌로 된 층, 석회와 섞은 자갈층을 차례로 쌓았으며, 맨 위에는 평평하고 넓은 돌을 덮었다. 도로 폭은 2.5m 이상이었으며, 양 옆에는 사람이 통행할 수 있는 보도와 물이 빠져나갈 수 있도록 배수로를 두었다.

| 현재까지 남아 있는 로마의 도로

로마 제국은 전성기 때 약 8만 km의 포장도로를 비롯하여 총 길이 40만 km에 이르는 도로망을 갖춤으로써, 수도 로마와 유럽 각 지역 그리고 식민지 곳곳을 연결하였다. 이 도로를 통해 로마 제국의 군대가 원활하게 이동할 수 있었고, 식민지의 풍부한 생산물이 로마로 흘러들었다. 이는 로마 제국이 번성을 누린 바탕이 되었다.

16세기경부터 유럽에서는 마차를 이용한 교통이 발달하기 시작하면서 도로의 개량에 관심을 가지게 되었다. 19세기 초 영국의 매캐덤은 자갈과 쇄석을 이용하여 마차가 다니기 편리한 길을 만들었고, 이 기술은 유럽과 미국까지 전파되었으며, 이후 오랫동안 세계 각국에서 사용되었다. 현대에 들어서는 자동차의 대중화와 콘크리트 포장 및 아스팔트 포장 등이 개발되면서 고속 도로 시대를 맞이하였다.

| **현재의 고속 도로** 자동차가 일반 도로보다 매우 빠른 속도로 주행할 수 있도록 설계된 도로이다.

도로의 구조

우리 주변에서 흔히 볼 수 있는 일반 도로는 자동차가 다니는 가운데의 차도와 사람이 다니는 가장자리의 보도로 이루어지고, 필요에 따라 자전거 전용 도로, 신호등과 도로 안내 표지판 등이 설치된다. 고속 도로에는 보도가 없고, 가장자리에 여유 공간이 있는데 이것을 *갓길이라고 한다.

일반적으로 도로면은 경사지게 만들어 빗물이 빠지도록 되어 있으며, 도로 지하에는 전기 통신망, 상하수도관 등의 각종 시설물이 묻혀 있다.

도로는 직선과 곡선을 적절하게 활용하여 설계해야 한다. 두 지점을 최단 거리로 연결하는 직선으로 도로를 만들면 공사비를 절약할 수 있고, 자동차가 달리는 데 필요한 시간도 줄일 수 있을 것이다. 그러나 단조로운 직선 도로에서는 운전자가 피로감을 느끼기 쉽고, 갑자기 곡선 도로가 나올 경우에 바로 대응하기도 어렵다. 따라서 도로를 만들 때 직선 구간은 자동차가 70초 이상 달리지 않도록 설계하고 있다.

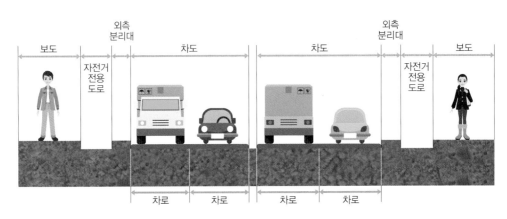

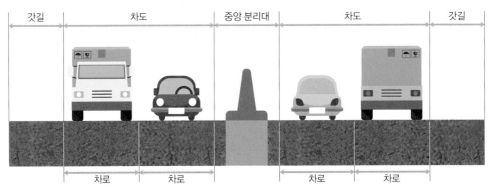

| 일반 도로(위)와 고속 도로(아래)

*
갓길 위급한 차량이 지나가거나 고장난 차량을 임시로 세워 놓기 위한 차도 바깥쪽 길이다.

도로의 노면

자동차가 달릴 때는 타이어와 도로 표면의 마찰력이 떨어져서 쉽게 미끄러질 수 있으므로, 도로 표면에 특수 코팅을 하여 탄력과 접착력을 높인다. 그리고 도로 표면이 너무 매끄러워도 사고가 날 수 있기 때문에, 이를 방지하기 위해 도로 위에 일정한 간격으로 홈을 파 두기도 한다. 이렇게 하면 운전자는 달리는 동안 작은 충격을 계속 받아 긴장을 늦추지 않고 안전 운전을 할 수 있으며, 과속을 억제하게 되므로 교통사고를 사전에 예방할 수 있다.

> 물체의 겉면에 얇은 막을 입히는 것

| 홈이 파인 도로

도로는 통과하는 차량의 무게와 압력을 반복해서 지탱해야 하기 때문에 시간이 지날수록 그 기능이 점차 약화된다. 따라서 차량의 무게를 견디고, 표면 형태가 잘 유지되도록 도로 포장을 해야 한다. 도로는 대부분 아스팔트나 콘크리트로 포장한다. 먼저 아스팔트 포장은 아스팔트 자체가 약하기 때문에 바닥을 여러 층으로 만들어 차량의 무게를 분산하는 방식으로 조성한다. 아스팔트 포장은 공사 과정이 복잡하지만 콘크리트 포장에 비해 부분적인 보수가 쉽고 탄력이 있어서 소음이 적고 승차감도 좋다. 반면에 콘크리트 포장은 콘크리트만으로도 차의 무게를 지탱할 수 있기 때문에 바닥을 단순한 구조로 만들 수 있다. 콘크리트 포장은 수명이 길고 튼튼하지만 도로가 파손되면 보수하기가 어려운 것이 단점이다.

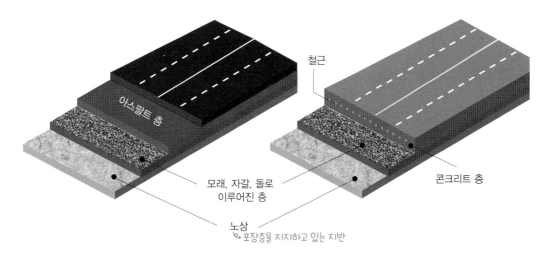

철근

아스팔트 층

모래, 자갈, 돌로 이루어진 층

콘크리트 층

노상
> 포장층을 지지하고 있는 지반

| 아스팔트 포장의 구조 | 콘크리트 포장의 구조

차로와 차선

차로는 차가 달리는 도로 부분이고 차선은 차로와 차로의 경계를 나타내는 선이다. 차도는 중앙선과 차선으로 구분하는데, 중앙선은 오는 차와 가는 차를 구분하는 선이고, 차선은 자동차가 달리는 방향을 따라 일정한 간격으로 그어 놓은 선이다. 흔히 2차선 도로라는 표현을 사용하는데 이는 잘못된 표현이고, 2차로 도로라고 해야 한다.

도로에서 주행하던 차가 앞지르기를 하려면 차선을 밟고 넘어가야 하므로 차선이 잘 보여야 한다. 그런데 밤이나 비오는 날에는 차선이 잘 보이지 않으므로, 이러한 경우를 대비하여 차선을 그리는 흰색 페인트에 좁쌀보다 작은 유리구슬을 섞어 사용한다. 이는 유리구슬이 빛을 반사시켜서 차선을 잘 보이게 하기 때문이다. 그러나 도로가 더러워져 유리구슬에 먼지가 쌓이면 차선이 제 역할을 하지 못하기 때문에 차선이 잘 구분되도록 경사진 반사판을 설치하기도 한다.

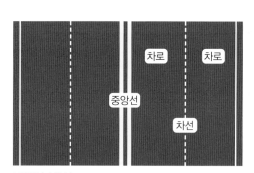

| 중앙선과 차선

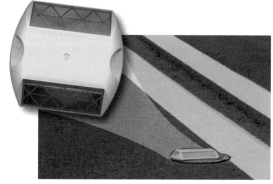

| 도로의 반사판

우리나라의 도로에는 각각 고유 번호가 있다?

우리나라에서는 도로를 건설하면 다음과 같은 원칙으로 고유 번호를 부여하여 관리한다. 단, 경부 고속 도로는 우리나라에서 최초로 건설된 고속 도로라는 상징적인 의미가 있어 1번을 부여하였다.

• 남북 방향은 홀수 번호, 동서 방향은 짝수 번호를 부여하되, 모든 도로의 기준점은 서쪽과 남쪽에서 시작된다.

• 간선 도로는 두 자리 숫자를 부여하되, 남북을 연결하는 도로는 끝자리를 5, 동서를 연결하는 도로는 끝자리를 0으로 한다.

• 보조 도로는 두 자리 숫자를 부여하되, 남북 방향은 끝자리를 1, 3, 7, 9, 동서 방향은 끝자리를 2, 4, 6, 8로 한다.

• 순환선, 지선 도로에는 세 자리 수의 번호를 부여한다.

03 교량

　교량(다리)은 다리의 양쪽 끝을 받치는 기둥인 교대, 다릿기둥인 교각, 평평한 윗부분인 상판 등으로 구성된다. 교량의 상판에서 교각이나 교대의 역할은 무엇일까?

　교량이란 사람이나 차량이 강, 계곡, 호수, 해안 등을 건너거나 다른 도로, 철도, 수로, 가옥, 시가지 등의 위를 지나가기 위해 세우는 건설 구조물이다. 교량은 도로, 철도, 수로의 일부분을 형성하므로 국민 생활과 국가 경제의 동맥 역할 그리고 인간 공동체의 생명선과 같은 기능을 한다.

　교량은 그 위를 지나는 각종 물체의 무게와 압력을 지탱하면서도, 교량 자체의 구조와 기능을 안전하게 유지해야 하기 때문에 충분한 강도와 내구성을 가져야 한다. 또한 미관에도 큰 영향을 끼치는 구조물이므로 외관상으로 아름다워야 하고 주위의 풍경이나 환경과도 조화를 이루어야 한다.
　<small>물질이 원래의 상태에서 변질되거나 변형됨이 없이 오래 견디는 성질</small>
　<small>아름답고 훌륭한 풍경</small>

　교량은 크게 상부 구조와 하부 구조로 구성된다. 상부 구조는 교량의 주요 부분을 이루며 교량을 통과하는 차량 등 통과물의 무게와 압력을 하부에 전달한다. 하부 구조는 상부로부터 전달되는 무게와 압력을 기초 지반으로 전달하는 부분으로서 교대, 교각 및 기초 슬래브로 이루어진다. 교량은 일반적으로 상부 구조의 형식에 따라 거더교, 아치교, 트러스교, 사장교, 현수교 등으로 분류된다.
　<small>다리의 양쪽 끝을 받치는 기둥</small>
　<small>다릿기둥</small>

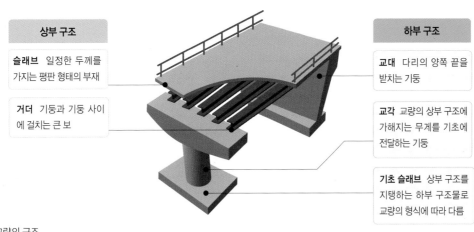

상부 구조

슬래브 일정한 두께를 가지는 평판 형태의 부재

거더 기둥과 기둥 사이에 걸치는 큰 보

하부 구조

교대 다리의 양쪽 끝을 받치는 기둥

교각 교량의 상부 구조에 가해지는 무게를 기초에 전달하는 기둥

기초 슬래브 상부 구조를 지탱하는 하부 구조물로 교량의 형식에 따라 다름

| 교량의 구조

거더교

과거에 만들어진 나무다리나 오늘날 주변에서 흔히 볼 수 있는 다리는 대부분 거더교이다. 거더교는 교각을 여러 개 세운 뒤 그 위에 '거더(girder)'라는 대들보를 놓고 다시 그 위에 상판을 올려놓은 단순한 구조의 교량으로 거더는 다리 밑에서 눈으로도 확인할 수 있다.

| 거더교의 구조

거더교는 다릿기둥이 대들보를 받치는 간단한 구조여서 공사비가 저렴하고 쉽게 만들 수 있으며 유지·보수 비용도 적게 든다. 그러나 대들보를 너무 길게 만들면 가운데가 휘거나 부러져 무너질 위험이 있기 때문에 교각 사이가 좁으며, 교량의 높이도 낮은 편이다. 이 때문에 선박이 지나다니기에 불편하고 모양도 밋밋하다.

부산의 남항 대교, 한강의 반포 대교, 잠실 대교를 비롯하여 우리나라 대부분의 고가 도로나 육교 등이 거더교에 속한다.

| **반포 대교와 잠수교** 서울시 용산구 서빙고동과 서초구 반포동을 잇는 다리로 우리나라 최초의 2층 교량이다. 아래는 홍수가 났을 때 물에 잠기도록 설계된 잠수교이고, 위가 반포 대교이다.

아치교

아치교는 곡선 형태의 아치가 상판을 지지하는 교량이다. 아치가 수직 방향의 압력을 받으면 양쪽 받침점이 바깥쪽으로 이동한다. 이때 받침점을 받쳐 주는 지반이 움직이지 않으면 결국 아치 자신이 압력을 지탱하면서 형태를 유지하게 된다. 만약 받침점이 움직이면 아치의 형태가 파괴되므로 아치교는 견고한 지반에 설치해야 한다.

| 교량 상판의 위치에 따라 다양한 아치교의 여러 가지 구조

| 아르카디코 다리

기원전 1300년경 고대 그리스의 도시 미케네에서 축조된 아르카디코 다리(Arkadiko Bridge)는 아직까지 사용되고 있는 아치교이다. 1779년 영국에서 최초의 철제 아치교인 아이언 브리지(Iron Bridge)가 건설되었고, 19세기 말 무렵 콘크리트 아치교가 등장하면서 아치교의 길이는 점점 더 늘어나게 되었다. 아치교는 50~300m 이상의 교량에 광범위하게 적용될 수 있으며, 구조적 효율성이 뛰어나고 곡선미를 자랑한다.

| **한강 대교** 1984년 제1한강교가 한강 대교로 개칭되었으며 서울시 용산구 한강로 3가와 동작구 노량진을 연결하는 다리이다.

트러스교

트러스(truss)는 곧은 막대를 삼각형 모양으로 이어 붙여 만든 뼈대 구조이다. 트러스교는 이 트러스를 이용하여 다리의 무게를 분산시키면서 거더를 보강하는 방식의 교량이다.

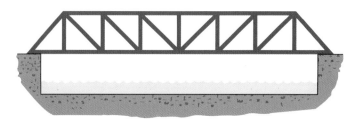

| **트러스교의 구조** 16세기에 이탈리아에서 트러스 구조가 개발되면서 거더교보다 교각 사이의 거리를 훨씬 넓힐 수 있게 되었다.

트러스교는 일반적으로 교각 사이의 거리가 50~100m 정도인 교량에 알맞은 형식이다. 삼각형 구조로 연결된 트러스를 이용하므로 안전성이 뛰어나고, 부재의 무게가 비교적 가벼워서 운반하기 편리하기 때문에 해협이나 산간 계곡 등에도 설치할 수 있다. 우리나라의 대표적인 트러스교는 한강 철교, 성수 대교, 동호 대교 등이다.

| **동호 대교** 서울시 성동구 옥수동과 강남구 압구정동을 연결하는 다리로 너비 31.4m, 길이 1,220m의 다리이다.

트러스

트러스의 정의와 원리 트러스는 몇 개의 직선 부재를 한 평면 내에서 연속된 삼각형의 뼈대 구조로 조립한 것이다. 모든 부재의 절점을 마찰이 없는 핀으로 연결한 구조물로 각 부재는 인장력과 압축력만 받도록 만든 것이다. 구조물의 각 부분이 인장력과 압축력을 나누어 받게 되므로 위에서 내리누르는 힘을 훨씬 더 잘 견딜 수 있다. 트러스는 그 구조가 간단하면서도 안전하고 튼튼하므로 교량이나 건축물의 지붕 등 건설 분야에 널리 이용되고 있다.

구조물의 뼈대를 이루는 데 중요한 요소가 되는 여러 가지 재료

물체를 좌우로 잡아당길 때 발생하는 힘

부재와 부재가 만나는 점

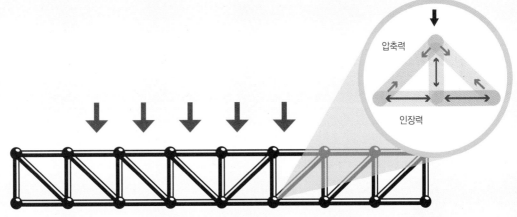

| 트러스의 원리

입체 트러스 일반적으로 삼각형으로 구성된 평면 구조를 트러스라고 하는데, 평행한 평면의 트러스를 삼각뿔이나 사각뿔 등의 모양으로 연결하여 입체적으로 구성한 트러스를 입체 트러스라고 한다. 주로 공간의 규모가 큰 체육관이나 공장의 지붕 등을 짓는 데 이용한다.

| 여러 가지 입체 트러스

사장교

사장교는 주탑에 비스듬히 처진 케이블로 교량의 상판을 매단 형식의 교량이다. 주탑 사이의 거리가 멀고 상판 위치가 높아서 대형 선박이 지나가기에 편리하다. 현수교보다 저렴한 비용으로 만들 수 있지만, 다릿기둥 사이의 거리가 현수교보다 제한되는 단점이 있다.

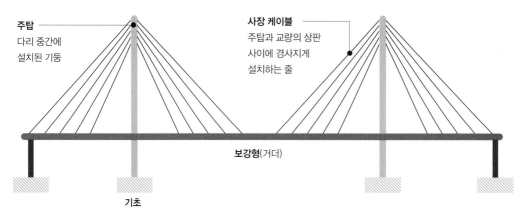

주탑
다리 중간에
설치된 기둥

사장 케이블
주탑과 교량의 상판
사이에 경사지게
설치하는 줄

보강형(거더)

기초

| 사장교의 구조

✐ 일반 거더보다 하중을 더 견고하게 버틸 수 있는 강성을 가진 거더

외관 자체가 아름다우며, 보강형(거더)의 구조, 주탑의 형상, 케이블 배치 등을 비교적 자유롭게 할 수 있기 때문에 주변 환경과도 어울리게 설계할 수 있다. 멕시코의 발루아르테 교, 프랑스의 노르망디 대교, 우리나라의 서해 대교, 삼천포 대교, 진도 대교, 인천 대교 등이 대표적인 사장교이다.

아하
그렇구나

우리나라에서 가장 긴 교량은?

인천 대교는 인천 국제공항이 있는 영종도 와 송도 국제도시를 연결하는 사장교이다. 2005년에 착공하여 2009년 10월 16일에 완공하였으며, 총 길이는 18.38㎞로 우리나 라에서 가장 긴 교량이다. 주탑은 역Y자형 콘크리트 구조로 높이는 238.5m이다.
인천 대교는 설계와 시공을 병행하는 패스 트 트랙(fast track) 방식으로 진행하였으며,

| 인천 대교

초속 72m의 강풍과 진도 7의 지진에 견딜 수 있도록 설계되었다. 교량 건설에는 서해 대교 에서 쓰인 방식이 적용되었는데, 이 방식은 크레인이 작은 거더 블록을 차례대로 가설하면 서 케이블도 동시에 가설한다.

현수교

현수교는 길게 늘어뜨린 주 케이블을 주탑과 앵커리지로 고정하고 주 케이블에 연결된 수직 케이블에 상판을 매단 형식의 교량이다. 주 케이블이 두 개의 주탑에 무게를 전달하고, 두 개의 주탑이 다리 무게의 대부분을 견디도록 되어 있다. 현수교는 크고 아름다우며 주탑과 주탑 사이의 거리가 가장 긴 교량으로, 길이가 긴 교량에 적합하다.

현수교의 단점은 주 케이블의 설치 비용이 사장교에 비해 많이 든다는 점이다. 유지·보수 측면에서도 사장교는 케이블에 문제가 생기면 그것만 교체할 수 있지만, 현수교는 주 케이블에 문제가 생길 경우 다리 자체를 포기해야 한다. 바람의 영향을 가장 많이 받는 교량 형태이기 때문에 높은 수준의 기술력도 필요하다. 미국의 샌프란시스코에 있는 금문교(Golden Gate Bridge), 우리나라 남해 대교, 광안 대교, 영종 대교, 이순신 대교 등이 대표적인 현수교이다.

주 케이블
빨랫줄 같이 길게 늘어져 있는 부분

주탑
다리 중간에 설치된 기둥

상판
다리 위를 통과하는 물체로부터 직접 힘을 받는 부분

앵커리지
주 케이블에 전달되는 힘을 지반에 전하는 구조체

보조 케이블
상판과 주 케이블을 연결하는 줄

| 현수교의 구조

우리나라에서 가장 높은 교량은?

이순신 대교는 전라남도 여수시 묘도와 광양시 금호동을 연결하는 길이 2.26km의 현수교이다. 2개의 주탑 사이의 길이가 1,545m로 우리나라의 현수교 중에서 가장 길고, 해수면에서 상판까지의 높이는 80m로 우리나라에서 가장 높다. 이순신 대교라는 명칭은 다리가 놓인 곳이 임진왜란 당시 노량 해전이 펼쳐진 노량 해협과 가깝고, 이

| 이순신 대교

순신 장군의 주 활동 무대 중 하나이자 전사한 곳이라는 이유에서 붙여지게 되었다. 또, 두 개의 주탑 사이의 거리는 이순신 장군이 태어난 1545년을 기리기 위해 1,545m로 설계되었다.

| **지하철** 세계 최초의 지하철은 1863년 영국에서 개통되었는데, 피어슨이 두더지를 보고 아이디어를 얻어 만들었다고 한다. 당시는 현재
와 같은 전기 기관차가 아니라 증기 기관차라서 매연이 매우 심했다고 한다.

| **철교** 세계 최초의 철교는 1779년에 건설된 영국의 아이언 브리지이다. 철로 다리를 만드는 것은 상상할 수 없던 시대에 불가능을 가능으
로 바꾼 다리로, 산업 혁명의 상징적인 구조물이라고 할 수 있다.

세계 최초의
건설 구조물

| **돔(dome) 경기장** 세계 최초의 돔 경기장은 1965년 미국의 휴스턴에 지어진 애스트로 돔으로 지름 220m, 높이 60m에 44,000명을 수
용할 수 있다. 지붕을 떠받드는 기둥 없이 강철 케이블을 이용하여 지붕을 지탱하고 있으며 미식축구나 레슬링 경기 등이 열린다.

| **고속 도로** 속도 무제한으로 유명한 아우토반은 '자동차가 달리는 길'이라는 뜻으로 독일이 만든 세계 최초의 고속 도로이다. 1920년대부
터 건설이 시작되어 1935년에 개통된 이후 연장 공사가 거듭되어 총연장 15,000㎞에 달한다.

04 하천

우리는 하천이나 강에서 생활용수, 공업용수, 농업용수를 얻고 있다. 따라서 우리가 하천이나 강을 잘 이용하면 많은 도움을 얻을 수 있지만, 관리를 잘못하면 장마나 폭우로 물난리가 발생하여 주변 지역이 큰 위협을 받을 수도 있다. 하천을 효율적으로 사용할 수 있는 방법은 무엇일까?

빗물과 눈이 녹은 물 등은 높은 곳에서 낮은 곳으로 흐르면서 물길을 만드는데, 이를 하천이라고 한다. 하천은 자연 그대로의 하천인 단단면 하천과 인위적으로 둔치나 제방을 만들어 홍수가 났을 때 하천의 범람을 방지하는 복단면 하천으로 구분한다.
> 큰물이 흘러넘침

ThinkGen
둔치는 무엇을 하는 공간일까?

> 물가의 언덕

하천의 기능으로는 홍수 조절 등의 치수 기능과 각종 용수의 공급, 수력 발전 등에 이용되는 이수 기능이 있다. 하천은 인간의 생활과 밀접한 관련이 있는 자연환경이기 때문에 여러 가지 공사를 시행할 때 공사의 목적에 따라 치수 공사와 이수 공사로 나눈다.

치수 공사 홍수로 인한 하천의 범람을 막기 위한 공사로서 물의 흐름을 원활하게 할 목적으로 제방을 쌓거나 하천의 바닥을 파내는 것을 말한다.

| **치수 공사** 제방을 쌓거나 하천의 바닥을 파내서 홍수의 피해를 막기 위한 공사이다.

이수 공사 낮은 지역에 물을 모으고 물길을 조정하여 물 흐름과 깊이를 조절함으로써 필요한 각종 용수를 얻거나 물의 오염을 희석시키고 선박이 항해할 수 있도록 하는 공사이다. 저수로 공사, 유로 개량 공사, 하천의 운하화 공사 등이 이에 속한다.

최근에는 하천에 발전 시설을 설치하여 전기를 생산하는 소수력 발전도 많이 이용되고 있다. 수력 발전이란 높은 곳에서 떨어지는 물의 힘으로 발전기를 돌려 전기를 생산하는 것을 말한다. 대규모 댐의 건설은 많은 비용이 들고, 생태계 파괴 및 현지 주민들의 반대 등 여러 가지 문제가 발생할 수 있다. 그러나 소수력 발전은 규모가 작기 때문에 도시에 흐르는 하천에도 쉽게 설치할 수 있다. 우리나라에서는 3,000kW 이하의 발전 설비를 소수력 발전으로 규정하고 있다.

| 소수력 발전

질문이요 우리나라 하천법에서 규정하고 있는 하천의 종류는 무엇인가?

우리나라 하천법에서는 하천을 국가 하천과 지방 하천으로 나누어 관리하고 있다. 국가 하천은 국토 보전상 그리고 국민 경제상 중요한 하천으로서 국가가 관리하는 하천이며, 지방 하천은 지방 공공의 이해에 밀접한 관계가 있는 하천으로서 시 · 도지사가 관리하는 하천이다.

| 하천

수에즈 운하

운하란 육지에 있는 땅을 파고 물을 끌어와 배가 다닐 수 있도록 만든 인공 물길이다. 수에즈 운하는 총 길이 162.5㎞로 이집트의 시나이 반도 서쪽에 건설된 세계 최대 규모의 운하이다. 이 운하는 1869년 11월 17일에 개통되었으며, 지중해의 포트사이드 항구와 홍해의 수에즈 항구를 연결하고 있다. 수에즈 운하를 통해 지중해·수에즈 만·홍해·인도양이 이어짐으로써 아프리카 대륙을 돌아서 가지 않고도 아시아와 유럽이 직접 연결되었다는 측면에서 중요한 의의가 있다.

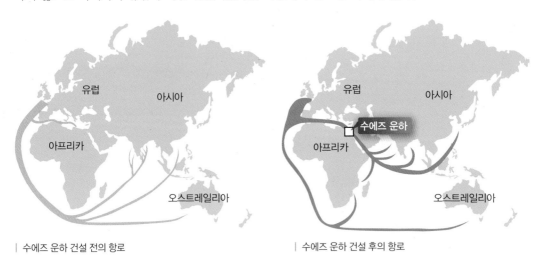

| 수에즈 운하 건설 전의 항로 | 수에즈 운하 건설 후의 항로

| 수에즈 운하의 개통으로 영국의 경우 런던과 싱가포르 간 항로가 24,500㎞에서 15,025㎞로 줄어들었다.

O5 댐

우리나라는 물을 효율적으로 관리하고 이용하기 위하여 전국 곳곳에 크고 작은 댐을 세웠다. 댐은 무슨 기능을 하며, 어떤 방식으로 건설될까?

댐은 하천의 물을 조절하기 위해 설치한 구조물로 홍수를 조절하거나 우리의 생활에 필요한 생활용수, 공업용수, 농업용수 등을 얻을 수 있고 수력 발전으로 전기를 생산할 수 있다. 그러나 댐 건설에는 막대한 자본이 들어가고 환경이 파괴된다는 문제점이 있는데 이러한 댐에 대하여 하나씩 살펴보자.

댐의 구분

댐은 사용 목적에 따라 저수댐, 취수댐, 사방댐 등으로, 건설 방식에 따라서 중력댐, 아치댐, 부벽댐, 록필댐으로 구분된다.

Think Gen
댐의 건설로 인해 발생하는 장점과 단점은 무엇일까?

| **중국의 싼샤댐** 총 길이 2,309m, 높이 185m, 폭 135m의 댐으로 2006년에 완공되었다. 최대 저수량은 390억 톤이고 하루에 1,800만 kW의 발전 용량을 갖고 있으나, 댐 건설로 수많은 문화재가 수몰되었고 환경 오염으로 인한 부작용도 나타나고 있다.

저수댐 많은 양의 물을 확보하기 위한 목적으로 만들어진 댐이다. 댐의 높이가 비교적 높으며 상수도 및 공업용수·발전 등에 필요한 물을 공급하고 홍수를 조절 한다. 저수댐 중에서 한 가지 목적에만 사용되는 것을 전용댐이라 하고, 두 가지 이상의 용도를 위하여 만들어진 것을 다목적댐이라고 한다.

취수댐 물을 끌어오기 위하여 만든 댐으로, 댐의 높이가 비교적 낮으며 수위 조절을 위한 수문이 설치되어 있다.

사방댐 산지나 계곡에서 유출된 흙과 모래가 하천으로 흘러들어오는 것을 막기 위해 하천 상류에 설치하는 낮은 댐이다.

중력댐 댐 자체를 많은 양의 콘크리트로 채워서 댐의 무게만으로 수압을 지탱할 수 있게 설계한 댐이다. 구조가 간단하고 지진에도 잘 견딜 수 있지만, 건설비가 많이 드는 것이 단점이다.

아치댐 활처럼 휜 곡선 모양의 댐으로, 아치 모양을 따라 양쪽으로 수압을 분산시킨다. 따라서 강한 수압을 버텨야 하므로 양끝은 단단한 암석으로 된 지형이어야 한다. 중력 댐에 비해 설계가 쉽고 건설비가 적게 드는 장점이 있다.

댐과 보의 차이점은?

댐은 물을 저장하여 여러 가지 목적으로 사용하기 위해 만든 대규모 구조물이고, 보는 작은 둑을 쌓아 흐르는 물을 가로막아 두는 저수 시설로 댐에 비해 규모가 작다. 보는 주로 가뭄 등에 대비하여 논이나 밭에 물을 대기 위한 목적으로 만든다.

| 보는 수위를 일정하게 유지하기 위한 목적으로 만든다.

부벽댐 수압을 지탱하기 위해 받침대가 설치된 댐이다. 중력댐에 비해 재료가 적게 들기 때문에 재료를 운반하기 어렵거나 건설비가 부족할 경우에 적합한 방식이다.

록필댐 건설 과정에서 나온 주변의 암석을 쌓아 올려 주 구조를 만들고, 흙이나 콘크리트로 물이 새지 않게 보강하여 만든 댐이다. 주변의 재료를 이용하기 때문에 건설비가 적게 들며, 지반이 약한 장소에도 설치할 수 있는 장점이 있다.

지하댐

지하수의 흐름을 막아 물을 한 곳에 모으기 위해 땅속에 물막이 벽을 설치하여 만든 댐이다. 물막이 벽은 땅속에 뚫은 구멍에 시멘트를 부어 넣고 강철판을 연속으로 박거나 땅속에 구덩이를 파고 그 속에 콘크리트를 비벼 넣어서 만든다.

지하댐은 지상의 댐에 비해 물의 증발과 손실이 적고, 지상의 토지 이용에 거의 영향을 주지 않으며 환경 문제나 댐 건설에 따른 보상 문제가 적게 발생한다. 반면에 지하의 상태를 정확히 알 수 없기 때문에 지하수 함유량을 파악하여 지하댐을 적절하게 관리하기가 어렵다. 또한 유지 관리비가 많이 들고 일시에 대량의 물을 이용하기 어려우며 양수장을 별도로 설치해야 하는 단점이 있다.

물을 퍼 올리는 시설 ✍

질문이요 우리나라에도 지하댐이 있을까?

현재 우리나라의 지하댐 중에서 경상북도 상주의 이안댐, 영일의 남송댐, 충청남도 공주의 옥성댐, 전라북도 정읍의 고천댐, 우일댐 등 5개는 농업용수 공급을 위해 운영 중이며, 강원도 속초의 쌍천댐은 생활용수 공급용으로 운영되고 있다.

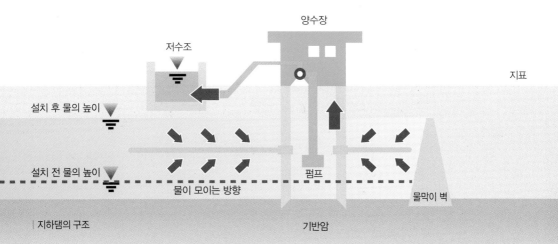

지하댐의 구조

O6 상수도

우리가 가정에서 사용하는 물은 하천이나 강에서 끌어온 후 정수 처리한 것이다. 물속에 남아 있는 박테리아, 대장균 등과 같은 이물질은 어떤 과정을 통해서 살균될까?

물은 사람이 살아가는 데 꼭 필요한 자원으로 취사, 음료, 세탁, 냉난방 등을 목적으로 가정에서 사용하는 생활용수 외에 농업용수, 공업용수 등 여러 가지 용도로 사용된다. 상수도란 자연 상태의 물을 정화하여 각 가정에 공급하는 시설로 수질, 수량, 수압을 상수도의 3요소라고 한다.

ThinkGen
한 번 사용한 물을 버리지 않고 다시 사용할 수는 없을까?

질문이요 상수도의 3요소는 무엇일까?
- 수질: 안심하고 마실 수 있는 깨끗한 물이어야 한다.
- 수량: 필요한 양을 안정적으로 공급할 수 있도록 충분해야 한다.
- 수압: 공급이 잘될 수 있도록 적절한 수압을 유지해야 한다.

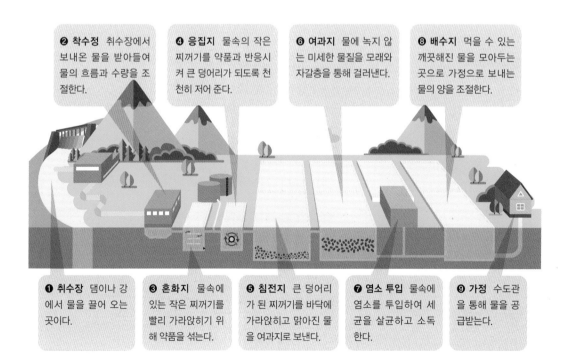

❷ **착수정** 취수장에서 보내온 물을 받아들여 물의 흐름과 수량을 조절한다.

❹ **응집지** 물속의 작은 찌꺼기를 약품과 반응시켜 큰 덩어리가 되도록 천천히 저어 준다.

❻ **여과지** 물에 녹지 않는 미세한 물질을 모래와 자갈층을 통해 걸러낸다.

❽ **배수지** 먹을 수 있는 깨끗해진 물을 모아두는 곳으로 가정으로 보내는 물의 양을 조절한다.

❶ **취수장** 댐이나 강에서 물을 끌어 오는 곳이다.

❸ **혼화지** 물속에 있는 작은 찌꺼기를 빨리 가라앉히기 위해 약품을 섞는다.

❺ **침전지** 큰 덩어리가 된 찌꺼기를 바닥에 가라앉히고 맑아진 물을 여과지로 보낸다.

❼ **염소 투입** 물속에 염소를 투입하여 세균을 살균하고 소독한다.

❾ **가정** 수도관을 통해 물을 공급받는다.

| 상수도의 구조

중수도

　중수도는 한 번 사용한 물을 재활용하는 시설로 사람이 마시지 않거나 사람 몸에 직접 닿지 않는 곳에 사용한다. 그 한 예로 만약 우리가 어느 건물의 화장실에서 손을 씻으면 그 물이 바로 버려지지 않고 자체 정화 시설을 거쳐 그 곳 화장실의 양변기 물로 재활용되는 경우를 들 수 있다. 중수도는 재활용하는 물이지만, 대장균이 검출되지 않아야 하고 잔류 염소가 0.2㎎/ℓ 이상이어야 한다.

　중수도를 사용하면 댐 건설에 따른 여러 가지 사회적인 문제를 줄일 수 있고, 하수 발생량이 감소하여 수질 오염을 줄일 수도 있다. 우리나라에서는 건축물에 중수도 시설을 설치하여 사용하면 수도 요금의 일부를 감면해 주는 제도를 시행하고 있다.

| 중수도의 다양한 활용

07 하수도

하수 처리는 오염된 물을 깨끗한 물로 만들어 강이나 하천에 방류하는 것이다. 이 과정에서 발생하는 슬러지는 어떻게 처리할까?

↳ 하수 처리 과정에서 바닥에 가라앉은 물질로 오니라고도 함

상수도를 통해 공급된 물은 가정, 학교, 공장 등에서 사용하고 버려지는데, 바로 하천이나 강으로 버리지 않고 일정한 과정을 거쳐 정화한 후에 방류한다. 이와 같이 오염된 물을 정화하는 시설을 하수도라고 한다. 하수도관을 타고 하수 처리장에 유입된 물은 침사지, 1차 침전지, 포기조, 2차 침전지, 소독조를 차례대로 거친 후에 하천이나 강으로 흘러 들어가게 된다. 그리고 하수 처리 과정에서 발생한 슬러지는 별도의 처리 과정을 거친다.

Think Gen
하수 처리장에서 처리한 물은 다시 사용할 수 있을까?

❶ 침사지 하수에 섞여 있는 모래나 나무토막 같은 찌꺼기를 걸러 낸다.

❷ 1차 침전지 물보다 비중이 무거운 물질(슬러지)과 물보다 비중이 가벼운 물질(부유 물질)로 구분해 제거한다.

❸ 포기조 1차 침전지에서 제거되지 않은 오염 물질을 처리하는 과정으로 공기를 불어 넣어 미생물을 키운 다음 그 미생물을 이용해 오염 물질을 제거한다.

❹ 2차 침전지 포기조에서 미생물에 의해 분해된 덩어리 중 유기물 덩어리(슬러지)는 가라앉고 맑은 물만 위로 뜨게 되는데, 여기를 통과한 물은 소독조에서 대장균 소독 과정을 거친 후 하천으로 흘러 들어간다.

▶ 하수 처리 과정

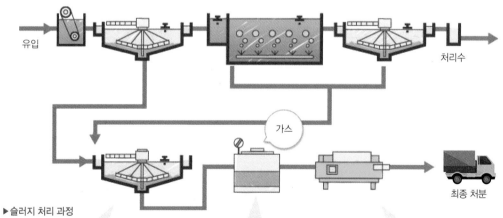

▶ 슬러지 처리 과정

❶ 농축조 슬러지가 바닥에 가라앉으면서 부피가 감소되고 농도는 높아지게 된다.

❷ 혐기성 소화조 미생물이 유기물을 분해하면서 메탄가스가 발생하고, 농축된 슬러지는 탈수기로 보내진다.

❸ 탈수기 탈수와 함께 운반과 처분이 쉽도록 무게와 부피를 줄인다.

| 하수와 슬러지의 처리 과정

맨홀과 맨홀 뚜껑

맨홀은 지하에 묻어 놓은 하수관이나 오수관 등의 시설물을 점검하거나 청소할 때 사람이 드나들 수 있게 만든 구멍으로 하수도에서 생성되는 가스를 환기시키는 역할도 한다. 일반적으로 맨홀과 맨홀 뚜껑은 둥근 모양인데, 여기에는 몇 가지 이유가 있다.

맨홀 아래로 내려가기 위해 사다리를 놓을 때 사각형이나 삼각형의 경우 사다리를 변 쪽에 기대야만 안전하지만, 원은 항상 대칭이라서 아무 곳에나 사다리를 놓아도 안전하다. 맨홀 뚜껑도 원형으로 만드는데, 이는 맨홀 뚜껑이 맨홀 속으로 빠지는 것을 막아 준다. 예를 들어 사각형은 대각선 길이가 한 변의 길이보다 길기 때문에 뚜껑이 맨홀에 빠질 수 있다. 그리고 세 변 중에서 한 변이 길거나 짧은 삼각형 뚜껑도 맨홀에 빠질 수 있다. 그러나 원은 어느 방향으로 재어도 중심을 지나는 폭이 일정하기 때문에 원형 뚜껑이 구멍 안으로 떨어지지 않는다. 만일 무거운 맨홀 뚜껑이 맨홀 속으로 떨어진다면 맨홀에서 작업하는 사람에게 큰 위협이 되기 때문에 이는 매우 중요한 문제라고 할 수 있다.

| 맨홀과 맨홀 뚜껑

08 터널

고속 도로나 철로공사 때 산이 가로막혀 있으면 터널을 만들기 위해 산을 뚫게 된다. 거대한 산을 뚫어서 터널을 만들려면 어떤 기술과 장비가 필요할까?

터널은 도로, 철로, 수로 등으로 사용하기 위해 산이나 땅, 강바닥 밑을 뚫어 만든 것으로, 인간 생활을 편리하게 해 주는 건설 구조물이다.

고대 로마에서는 도로용, 수로용 터널 등 다양한 용도의 터널을 건설하였으며, 페르시아에서도 수로용 터널을 건설하여 사용하였다. 14세기 이후부터는 화약을 사용하여 지하를 뚫기 시작하였다. 18세기에는 철도가 새로운 교통수단이 되면서 철

│ **고대 로마의 터널** 길이 38m의 보행용 터널로 만들어졌으며 현재까지도 차량이 통행한다.

도용 터널이 등장하였고, 19세기에는 다이너마이트, 전기 뇌관 등의 사용으로 터널 건설 기술이 더욱 발전하였다. 현대에도 자동차의 급격한 증가로 많은 터널들이 건설되고 있다.

터널을 만드는 공법은 폭약을 주로 사용하는 재래식 공법과 기계를 이용하는 TBM(Tunnel Boring Machine) 공법으로 나눌 수 있다.

ThinkGen
터널의 주된 역할은 무엇일까?

재래식 공법 폭약을 터뜨려서 터널을 만들어 가는 방식으로 터널 내부를 강철로 지지하고 터널 둘레에는 콘크리트를 부어 넣는다. 그러나 비용이 많이 들고, 작업 효율과 안전성이 떨어지기 때문에 최근에는 거의 사용하지 않는다.

아하 그렇구나

터널의 내부가 둥근 이유는?

터널의 내부는 비어 있고 그 둘레는 땅이나 산으로 덮여 있기 때문에 터널 위의 공기와 흙이 누르는 힘을 견디지 못하면 무너진다. 그래서 이런 힘에 잘 버티도록 터널 내부를 둥근 모양으로 만든다. 예를 들어 네모난 상자의 경우 모서리는 튼튼하지만 가운데 평평한 부분은 힘을 주어 누르면 쉽게 구부러진다. 하지만 둥근 것은 어느 곳이든 힘이 모두 중심을 향하기 때문에 쉽게 구부러지지 않는 원리를 이용한 것이다.

TBM 공법 디스크 커터를 장착한 커터 헤드를 회전시키면서 암반을 뚫어 원형의 터널을 만드는 공법이다. 폭약을 사용하지 않는 방식이기 때문에 소음·진동에 의한 환경 피해를 최소화할 수 있고, 공사 중 안전성을 확보하면서도 빠른 작업 속도를 낼 수 있다. 또한 터널의 길이가 1,000m 이상인 장대 터널 공사를 할 때 공사 기간을 단축시켜 공사비를 절감할 수 있다. 그러나 장비가 비싸다는 단점이 있다.

| TBM

질문이요 TBM의 특징과 기능은 무엇일까?

- TBM은 매일 120m의 터널을 뚫는다.
- TBM의 무게는 900톤, 길이는 120m이다.
- 커터 헤드는 40개의 단단한 강으로 되어 있고, 높이는 약 7m이다.

굴착 챔버 깎아낸 바위를 다시 잘게 부수는 장치이다.

유압 잭 유압으로 TBM을 움직이게 하는 장치이다.

콘크리트 세그먼트 최종 터널 라이닝으로 세그먼트 링으로 연결한다.

커터 헤드 커터비트를 부착하여 회전하면서 땅을 파들어 가는 부분이다.

스크루 컨베이어 굴착해서 잘게 부순 재료를 퍼내는 장치이다.

세그먼트 이렉터 콘크리트 세그먼트를 조립하는 데 이용한다.

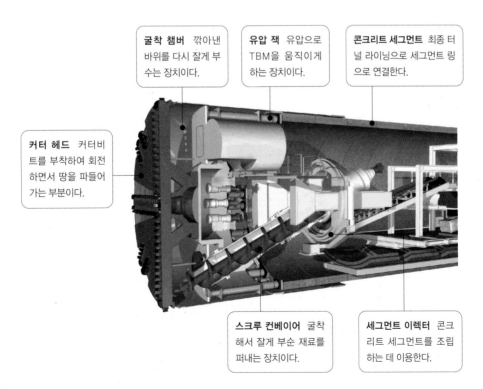

| **TBM의 구조** 굴착과 동시에 터널을 만들어 공사 기간을 단축시킬 수 있다.

| **철도 터널** 지하 공간을 이용하므로 대규모 건설에 따른 소음 · 진동 민원 및 환경 오염을 최소화할 수 있고, 노선을 직선화할 수 있다.

| **도로 터널** 기상 조건을 극복하여 지역 간 소통을 원활하게 하고, 도로의 직선화로 시간을 단축하며, 도로 건설로 인한 자연환경 파괴를 최
소화할 수 있다.

| 수로 터널 상수도나 공업용수 등을 공급하기 위해 지하를 뚫어 건설하는 터널 모양의 수로이다.

| 해저 터널 육상, 해상 및 항공 교통수단의 한계를 극복하기 위해 바다 밑에 건설한 터널로, 육지와 섬을 연결하는 교통 시설이다.

토론 하수 처리장은 어느 지역에 설치해야 할까?

　하수 처리장은 가정이나 공장 등에서 발생하는 각종 생활 하수, 폐수 및 분뇨 등의 오염 물질을 걸러 내어 환경 생태계에 지장을 초래하지 않을 정도로 정화하여 방류하는 시설이다. 따라서 하수 처리장은 도시나 산업 단지 주변 등 사람들이 모여 사는 곳에는 반드시 필요한 시설이라고 할 수 있다.

　하수 처리장은 환경 문제를 해소하고 필요한 땅을 최대한 적게 사용하는 건설 방법을 추구하고 있다. 일반적으로 많이 설치되고 있는 지상식 하수 처리장의 경우, 각종 오염 물질을 일정 수준 이상으로 처리하기 위해서는 여러 가지 처리 공정과 이에 따른 넓은 땅이 필요하다. 또한, 시설 가동 중에는 주변 지역에 불쾌한 냄새를 퍼뜨려서 환경 민원이 제기될 수 있다.

　최근에는 이러한 문제점을 해결하기 위하여 지상의 처리 시설을 지하에 건설하려는 계획도 연구 중이다.

| 하수 처리장

1 단계　하수 처리장을 설치함으로써, 나타나는 장점과 단점을 마인드맵으로 그려 보자.

하수 처리장

 2 단계　하수 처리장이 우리 동네에 설치된다면 나는 어떤 입장을 취할 것인지 정리해 보자.

주택, 빌딩, 도로, 교량 등의 건설 구조물은 기획 → 계획 → 설계 → 시공의 과정을 거쳐 완성됩니다. 건설 구조물의 건설 과정은 그 단계가 복잡하고 여러 가지 기술이 필요하기 때문에 각 분야별 전문가가 참여합니다. 이 단원에서는 건설 구조물을 짓는 일련의 과정과 아름다운 건설 구조물을 만들기 위한 조형 원리, 건설 구조물에 작용하는 힘, 건설 장비 등에 대해 알아보겠습니다.

건설 과정

01 건설 기획

건설 구조물을 지으려면 다양한 조건을 고려해야 한다. 건설 구조물을 지을 때 공사 규모나 공사 부지를 정하기 위한 조건에는 어떤 것이 있을까?

𝄐 대지, 터

건설 기획이란 건설 구조물을 효율적으로 짓기 위해 다양한 조건을 고려하여 기본 계획을 세우는 활동이다.

ThinkGen
건설 구조물을 짓기 전에 실시하는
환경 영향 평가는 어떻게 해야 할까?

즉, 건물의 설계를 요구하는 건설 주체 혹은 건설 구조물을 소유하거나 사용하게 될 사람들의 요구를 실현하기 위해 기술적 측면 등을 검토하고 분석하는 단계이다. 또한 건설 구조물을 어느 장소에 어떤 용도로 지을 것인지, 어느 정도의 규모와 면적이 필요할지, 어느 정도의 예산이 쓰이게 될지 등의 다양한 조건을 조사하여 건설 목표를 정하는 과정이다.

질문이요 환경 영향 평가란 무엇인가?

환경 영향 평가는 개발 사업 계획을 수립할 때 개발로 인해 환경에 미치는 영향을 미리 조사·예측·평가하여 개발에 따른 환경오염이나 피해를 줄이고 인간과 자연이 공존할 수 있는 쾌적한 환경을 조성하기 위해 도입되었다. 우리나라에서는 '환경 영향 평가법'에 그 절차를 규정하고 있다.

| 건설 기획이 체계적이고 철저하면 건설 과정에서 발생할 수 있는 문제점을 최소화할 수 있다.

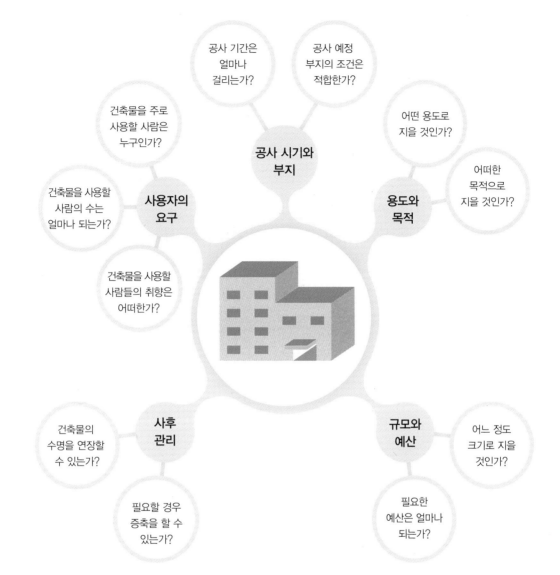

공사 기간은 얼마나 걸리는가?

공사 예정 부지의 조건은 적합한가?

건축물을 주로 사용할 사람은 누구인가?

어떤 용도로 지을 것인가?

공사 시기와 부지

건축물을 사용할 사람의 수는 얼마나 되는가?

사용자의 요구

용도와 목적

어떠한 목적으로 지을 것인가?

건축물을 사용할 사람들의 취향은 어떠한가?

사후 관리

규모와 예산

어느 정도 크기로 지을 것인가?

건축물의 수명을 연장할 수 있는가?

필요할 경우 증축을 할 수 있는가?

필요한 예산은 얼마나 되는가?

| 건설 기획 시 고려해야 할 사항

아하 그렇구나

건설 시공과 관련된 사람들은?

- **사업주**: 자본과 토지를 가지고 사업을 계획하며, 시공이 완료된 후 구조물을 소유한다.
- **설계자**: 사업주의 구상과 요구 조건을 바탕으로 도면이나 그 밖의 방법으로 표현하여 시공 가능한 설계도를 만든다.
- **감리자**: 시공이 설계도대로 진행되는지 확인하고, 잘못된 공사를 교정하도록 지도·감독한다.
- **시공자**: 공사의 시행을 책임지고, 정해진 공사비로 설계도에 따라 공사를 실시한다.

02 건설 계획

건설 구조물은 지진과 같은 자연재해에 견딜 수 있어야 하고, 겉모습도 아름다워야 한다. 이 두 가지 요소를 어떻게 만족시킬 수 있을까?

건설 계획이란 건설 기획을 통해 얻어진 내용을 종합하여 건설 구조물 공사의 시작부터 마무리까지 잘 진행될 수 있도록 주어진 여러 가지 조건과 정보를 분석하는 과정이다. 이 단계에서는 구조 계획, 평면 계획, 규모 계획, 환경 계획, 교통 계획, 조형 계획 등을 세운다. 특히 구조 계획은 건물의 안전과 직접적인 관련이 있기 때문에 가장 중요하게 계획해야 하는데, 하중이 건설 구조물에 미치는 영향, 건설 구조물과 응력 등을 고려해야 한다.

물체에 작용하는 외부의 힘이나 무게

물체가 외부 힘의 작용에 저항하여 원형을 지키려는 힘

건설 구조물의 경제성, 안정성, 편의성 등을 고려하여 적합한 골조 양식과 재료를 이용하여 어떻게 건설할 것인지에 대한 계획을 세운다.

형태, 색채, 질감 등 조형의 기본 요소와 통일, 변화, 조화, 대조, 비례 등 조형의 원리를 이용하여 아름다운 건설 구조물이 될 수 있도록 계획을 세운다.

건설 구조물이 건설 목적에 맞게 쾌적하고, 편리한 기능을 할 수 있도록 사용자의 * 동선, 행동 방식에 따라 공간의 크기, 형태, 배치 등을 계획한다.

조형 계획

구조 계획

평면 계획

교통 계획

규모 계획

환경 계획

현대 산업 사회는 지역 간 인적 · 물적 자원의 교류가 증대되고 있으므로 건설 구조물이 완성되었을 때 발생할 수 있는 다양한 교통 상황을 고려하여 교통 계획을 세운다.

건설 구조물을 지을 때 예산 낭비가 발생하거나 규모에 걸맞은 기능을 발휘하지 못해 이용에 불편한 경우가 생길 수 있으므로 예산과 공간의 규모에 맞는 계획을 세운다.

건설 구조물이 주변 환경과 잘 어울릴 수 있도록 환경과 인간의 관계, 건설 구조물과 에너지 소비, 친환경 계획 기법 등 환경과 관련된 계획을 세운다.

| 건설 계획 단계에서 수립해야 할 여러 가지 계획

* ─────
동선 건축물의 내외부에서, 사람이나 물건이 어떤 목적이나 작업을 위하여 움직이는 자취나 방향을 나타내는 선이다.

건설 구조물과 하중

ThinkGen
건설 구조물이 진동에 의해서도 무너질까?

건설 구조물을 지을 때는 어떤 힘이 건물에 작용할 것인지 예측하고, 건물이 그 힘을 견뎌 낼 수 있도록 안전하게 설계해야 한다. 따라서 어떤 종류의 힘이 얼마만큼의 크기로 건물에 작용하는지를 판단하는 것은 안전한 건물을 짓는 데 있어 매우 중요하다. 이처럼 건설 구조물에 작용하는 힘을 하중이라고 하는데, 건설 구조물에는 지구의 중력, 바람, 지진, 지반 침하 등에 따라 다양한 종류의 하중이 가해진다.

     ↳ 땅의 표면이 가라앉아 내림

건물에 가해지는 하중은 수직 하중과 수평 하중으로 구분하는데, 수직 하중에는 고정 하중, 적재 하중 등이 있고, 수평 하중에는 풍 하중, 지진 하중 등이 있다.

고정 하중   건물 자체의 무게와 같이 구조물에 지속적으로 작용하는 하중을 고정 하중이라고 한다. 고정 하중은 내력 구조물, 천장, 바닥, 저장 탱크, 기계·전기 분배 시스템 등

     ↳ 건설 구조물의 하중을 견디기 위하여 만든 벽, 기둥 등의 구조물

의 중량과 같이 영구적이면서 중력 방향으로 작용하는 하중이다. 인류의 건축 구조물 중 대부분은 고정 하중만을 고려하여 건축되었다고 할 수 있다. 왜냐하면 무거운 건설 재료인 돌로 건축을 할 경우 자기 무게를 견디기 위한 구조로 설계하면 다른 하중은 고려하지 않아도 큰 문제가 없기 때문이다.

적재 하중   고정 하중과 반대로 영구적으로 작용하지 않으며, 변화가 많고 예측이 어려운 하중을 뜻한다. 적재 하중은 구조물 내에 있는 사람이나 가구, 차량 등에 따라 달라질 수 있는 하중으로 힘의 방향은 중력 방향이다. 따라서 적재 하중은 상황에 따라 변할 수 있다. 예를 들어 주차장이 비어 있을 때와 차량이 주차되어 있을 때가 다를 것이고, 사람이 있거나 없을 때, 그리고 가구의 배치에 따라 하중을 받는 곳도 달라질 것이다.

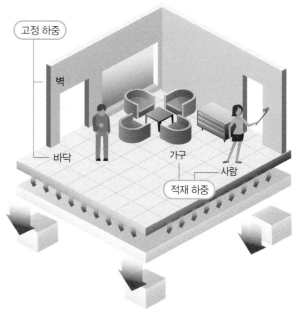

| 고정 하중은 벽, 바닥 등과 같이 하중이 변하지 않지만 적재 하중은 사람, 가구 등과 같이 하중이 변할 수 있다.

풍 하중 바람은 건설 구조물 설계에 있어서 중요한 요소이다. 고층 건물의 경우 고정 하중보다 바람의 힘을 더욱 강하게 받는다. 예를 들어 50층 건물과 100층 건물을 놓고 1층의 기둥이 받는 힘을 비교해 보면, 100층 건물이 받는 고정 하중은 50층 건물의 2배 정도이지만, 바람의 하중은 8배 정도이다. 왜냐하면 건물은 위층으로 올라갈수록 바람의 속도가 빨라져서 건물이 큰 힘을 받기 때문이다.

| 풍 하중 시간에 따라 방향과 크기가 바뀌는 하중으로 고정 하중이나 적재 하중보다 예측이 어려운 하중이다.

| 풍동 장치 건물의 모형을 만들어 놓고, 건설 구조물의 표면 또는 주변에 대한 바람의 움직임을 연구하는 장치이다.

바람의 방향

* 부압

* 정압

풍 하중은 움직이는 하중으로 *진동수가 있어서 건설 구조물이 가지고 있는 고유의 진동수와 일치하게 되면 무너질 위험이 있다. 1940년에 개통된 미국의 타코마 다리(Tacoma Narrows Bridge)는 당시의 첨단 공법으로 설계되어 가볍고 얇은 부재가 주로 사용되었다. 그러나 완공된 지 4개월 만에 무너졌는데, 그 이유는 사고 당일 강한 바람이 불면서 다리 고유의 진동수와 바람의 진동수가 일치하면서 다리가 심하게 흔들렸기 때문이다.

질문이요 건물의 높이가 낮은 건물도 바람에 의해 무너질 수 있을까?

바람의 힘은 고층 건설 구조물뿐 아니라 저층의 가벼운 건설 구조물에도 치명적인 영향을 줄 수 있다. 압력은 속도에 반비례하기 때문에, 바람이 강하게 불면 집 외부는 공기의 속도가 빨라져서 압력이 낮아지게 되고 집 내부는 공기의 흐름이 멈추어 있기 때문에 상대적으로 압력이 높아지게 된다. 이처럼 집 안팎의 공기 압력이 달라지면, 압력이 높아진 집 안의 공기는 집 밖으로 나가려고 한다. 따라서 밖으로 나가려는 이 힘을 집의 구조가 견디지 못하면 지붕이나 벽이 붕괴될 수 있다.

*————

정압과 부압 정압은 물체면에 대하여 압축하는 방향으로 작용하는 압력이고, 그 반대를 부압이라고 한다.
진동수 진동 운동에서 물체가 왕복 운동을 일정하게 지속할 때 단위 시간당 반복 운동이 일어난 횟수를 말한다.

| 흔들리는 타코마 다리

| 붕괴되는 타코마 다리

아하 그렇구나

도심에서 나타나는 빌딩풍이란?

도심에서 불던 바람이 빌딩에 부딪쳐서 갈라질 때 강한 바람이 불게 되는데, 이와 같이 도심의 고층 빌딩 사이에서 갑자기 발생하는 바람을 빌딩풍이라고 한다. 빌딩풍의 종류에는 박리류, 하강풍, 역풍, 골짜기 바람 등이 있다.

| **박리류** 건물과 만나 좌우 방향으로 벽면을 타고 흐르던 바람이 모서리까지 도달하여 건물에서 벗어나 부는 현상이다.

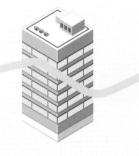

| **하강풍** 바람이 건물 벽면에 부딪히면 건물의 상층부에서 상하좌우로 흩어지는데, 그중 좌우로 부는 바람이 건물의 측면을 지나며 위에서 아래로 부는 현상이다.

| **역풍** 건물과 만나 흩어진 바람 중 아래쪽으로 바람이 흐르는 현상이다.

| **골짜기 바람** 인근에 고층 빌딩이 있거나 빌딩이 2개 동 이상일 경우에 바람이 부는 현상이다.

지진 하중 지진은 지구 내부의 여러 가지 원인 때문에 땅속의 거대한 암반이 갑자기 갈라지면서 그 충격으로 땅이 흔들리는 현상이다. 이러한 지진에 의해 건설 구조물이 받는 힘을 지진 하중이라고 한다. 지진 하중 때문에 건물이 받게 되는 충격은 *관성의 법칙과 비슷한 원리로 작용한다. 즉, 움직이는 버

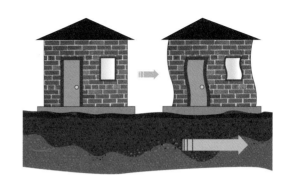

| 지진이 발생하면 건물은 원래 위치에 고정되어 있으려고 하는 힘이 작용하는 데(관성의 법칙), 이 과정에서 지진 하중을 받게 된다.

스가 갑자기 브레이크를 작동하면 버스에 탄 사람의 상체는 앞으로 이동하는 반면, 하체는 버스와 함께 균형을 유지하려 하면서 몸의 무게 중심이 흔들린다. 지진 하중은 시간에 따라 변화되는 하중으로 고정 하중이나 적재 하중보다 더 위험한 하중이라고 할 수 있다.

| 지진이 발생하여 땅이 움직이면 건물의 무게 중심이 흔들려 건설 구조물은 하중을 견디지 못하고 무너질 수 있다.

*
관성의 법칙 어떤 물체에 힘이 작용하지 않으면 정지한 물체는 계속 정지해 있으려 하고, 운동하고 있는 물체는 현재의 속도를 유지한 채 일정한 속도로 계속 운동하려고 하는 현상을 말한다.

지진에 대비하는 건설 구조물의 설계

지진에 대비하기 위한 건설 구조물의 설계는 지진에 의한 피해를 어떤 방식으로 줄이느냐에 따라 내진 설계, 면진 설계, 제진 설계로 구분할 수 있다. 내진(耐震) 설계는 지진으로 인한 지반의 흔들림에 구조물이 파손되지 않도록 튼튼하게 건설하는 것으로, 건설 구조물 내부에 철근 콘크리트의 내진벽과 같은 부재를 설치하여 지진에도 붕괴되지 않도록 하는 것이다. 건설 구조물은 지진 발생 시 받게 되는 고유 주기(진동수)가 있는데, 면진(免震) 설계는 이 고유 주기를 변화시키는 방식으로 건물에 가해지는 충격을 완화시키는 것이다. 즉, 고무와 같은 부드러운 물질이나 구슬 형태의 구조물 등과 같이 지진 피해를 줄일 수 있는 장치나 구조물 위에 건물을 올림으로써, 건축물을 지반으로부터 격리시키는 것이다. 면진 설계를 적용한 건축물은 지진 시 진동이 완화되기 때문에 비교적 안전하다. 제진(制震) 설계는 지진 시 전달되는 진동을 감지하고, 그에 대응하는 힘이나 진동을 발생시킴으로써 건설 구조물에 전달되는 진동을 줄이는 방식이다. 제진 설계에서 중요한 설비는 진동 에너지를 흡수하여 구조물의 흔들림을 완화시켜 주는 감쇠 장치(댐퍼)이다.

ㄴ 힘이나 세력 등이 줄어서 약해짐

내진 설계 일반 철근보다 더 굵은 철근을 넣어 설계한다.

제진 설계 건물 기둥 사이에 감쇠 장치를 설치한다.

면진 설계 적층 고무를 사용한 설계이다. ㄴ 층층이 쌓임

| 지진에 대비하기 위한 건설 구조물의 설계

건설 구조물과 응력

구조물을 이루는 각 부재에 외부로부터 힘이 작용하면
각 부재 안에서는 외부의 힘에 견디려는 저항력이 발생하

ThinkGen
모래땅 위에 건설 구조물을 지으면
어떻게 될까?

는데 이를 응력이라고 한다. 응력은 작용하는 힘의 방향과 응력이 발생하는 부재 내의 면
에 따라 수직 응력, 전단 응력, 휨 응력 등으로 구분한다.

수직 응력　부재의 축 방향으로 외부의 힘이 작용할 때 부재 축의 직각인 면에 발생하
는 내부 응력이다. 부재를 길이 방향으로 잡아당길 때 발생하는 인장 응력과 길이 방향으
로 누를 때 발생하는 압축 응력이 있다.

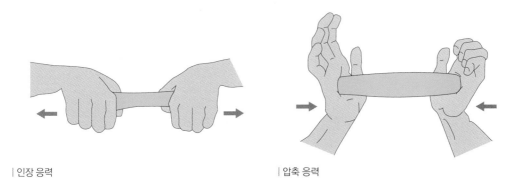

| 인장 응력　　　　　　　　　　　　　　　　　　　　| 압축 응력

전단 응력　물체를 가위로 자르는 듯 한 작용을 주는 힘을 전단력이라고 하며, 이 전단
력에 의해 물체의 단면에 생기는 내성을 전단 응력이라고 한다.

휨 응력　부재의 중앙에 외부의 힘이 작용하여 부재가 휘어질 때 이 휨에 의해서 발생
되는 내부 응력이다. 휨 응력은 인장 응력과 압축 응력의 조합으로 윗부분은 압축되고 아
랫부분은 늘어나게 된다.

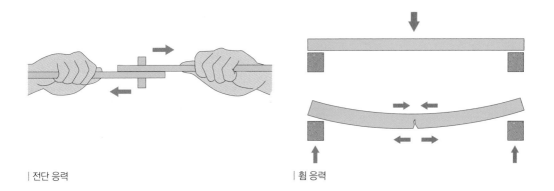

| 전단 응력　　　　　　　　　　　　　　　　　　　　| 휨 응력

건설 구조물과 조형 계획

조형 계획이란 *조형 요소와 *조형 원리를 이용하여 건설
↳여러 가지 재료를 이용하여 구체적인 형태나 형상을 만드는 것
구조물의 미적 효과를 높이는 작업으로, 현대 건설에서는 건설
구조물의 안정성 못지않게 중요시되고 있다.

ThinkGen
건설 구조물과 조형 계획은
어떤 관계가 있을까?

조형 요소와 조형 원리는 조형물에 담긴 미적 특성으로, 미술 작품이나 존재하는 모든
사물에서 찾을 수 있다. 조형 요소는 건설 구조물에 쓰이는 재료이며, 조형 원리는 준비된
재료를 이용하여 아름다운 건설 구조물을 만드는 과정이라고 할 수 있다. 똑같은 과정을
거치더라도 재료의 선택이나 구조화 방식에 따라 건설 구조물이 달라지듯이, 조형 요소와
조형 원리는 조형 계획에 있어서 큰 비중을 차지한다.

조형 원리에는 여러 가지가 있지만 기본적으로 비슷하
며, 부분적으로 조금씩 다름을 추구하는 것이라 할 수 있
다. 즉 조형 원리는 조형 요소들을 어떻게 배합하고 다룰
것인가 하는 방법의 문제일 수 있는데 여기에는 조형 요소

과학
기술　건축　예술

| 조형 예술로서 건축의 위치

들을 비슷하게 보이게 하는 통일, 반복, 조화, 리듬 등의 원리가 있고, 조형 요소를 서로
달라 보이게 하는 변화, 대비, 강조, 긴장 등이 있다. 그리고 건설 구조물은 조각 작품, 회
화 등에서 볼 수 있는 예술성과 생활 공간으로서의 실용성을 동시에 갖추어야 한다.

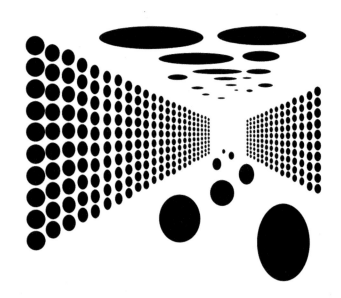

| **크고 작은 점 구성을 통한 조형의 원리** 조형 요
소 중 가장 기본이 되는 '점'을 이용하여 단조롭고
안정적인 간격을 유지하고 크기를 변화시켜 통일
감을 주거나, 크기는 같지만 간격의 규칙을 없애
변화를 줄 수 있는 원리이다.

＊─────────────

　조형 요소　조형의 기본이 되는 것으로 점, 선, 면, 형태, 질감, 색 등이 있다.
　조형 원리　조형 요소들의 상호 작용으로 만들어내는 것으로 리듬, 비례, 균형, 대비, 대칭 등이 있다.

유엔 스튜디오(통일과 변화) 네덜란드의 부부 건축가 벤 판베르켈과 캐롤라인 보스가 설립한 설계 사무소이다. 통일은 여러 요소가 유기적으로 결합하여 질서와 안정감을 주고, 여러 원리가 종합적으로 어우러질 때 나타난다. 그리고 변화는 긴장감이나 흥미를 이끌어내기 위한 원리이다.

노트르담 대성당(비례) 프랑스 초기 고딕 양식을 대표하는 건물로 프랑스 파리에 있다. 비례는 한 영역 안에서 크기 관계를 나타낼 때의 비율이다.

| **타지마할 묘당(균형과 대칭)** 인도의 대표적인 건축물로 힌두 문화와 이슬람 문화의 융합을 보여 준다. 균형은 두 개 이상의 요소 사이에서 시각적으로 무게 중심이 안정되게 느껴지는 원리이다. 그리고 대칭은 축을 중심으로 접었을 때 같은 모양이 되는 것이다.

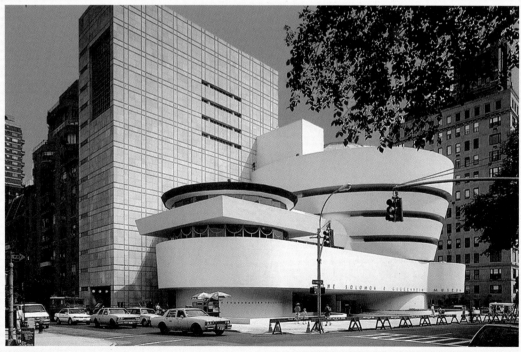

| **구겐하임 미술관(대비)** 미국 뉴욕에 위치한 미술관이다. 대비는 반대되는 요소가 어우러져 상호 특징이 강하게 부각되는 효과를 준다.

O3 건설 설계

건설과 관련된 설계도 중 평면도는 바닥면에서 몇 m 높이를 기준으로 그리는 도면일까?

건설 설계는 건설 계획에 따라 설계 도면을 작성하는 단계로 계획 설계, 기본 설계, 실시 설계로 구분한다.

계획 설계

계획 설계는 건축의 가능 여부에 대한 기본적인 분석을 통해 원하는 용도의 건축이 가능한지, 몇 층까지 지을 수 있는지, 건설 구조물의 형상이나 공간 계획과 구성이 어떻게 되는지, 고려할 점이 무엇인가 등을 파악한 후 건설 구조물의 형태를 디자인하고, 공간을 계획하는 단계이다. 계획 설계는 스케치, 모형, 간단한 보고서, 조감도를 통해서 나타내는 단계로 이후 기본 설계의 기초 역할을 한다. 조감도는 높은 곳에서 아래를 내려다보았을 때의 모양을 그린 것으로 항공기나 고층 건물에서 내려다보는 것과 동일한 모양을 나

| **조감도** 하늘을 날아가는 새가 아래를 내려다본 것처럼 보인다는 뜻으로 투시도 중 하나이다.
↳ 어떤 시점에서 본 물체를 평면 상태에 그린 그림

타낼 수 있다. 조감도는 주로 지도, 관광 안내도, 건축물, 조경 공사 계획 등에 쓰이므로, 조감도를 그릴 때에는 목적물 이외의 주변 지역도 최대한 실제에 맞게 표현해야 한다.

기본 설계

계획 설계를 발전시켜 계획된 건설 구조물의 특성을 구체적인 형태로 결정하는 단계이다. 기본 설계 도면은 건축주에게 구조물의 형태나 특징을 이해시키고 의사 결정에 필요한 자료 역할을 한다.

공사비와 공사 기간 등을 예상할 수 있게 하는 도면에는 평면도, 단면도, 입면도 등이 있다.

평면도 건물의 바닥면으로부터 1.2m 높이에서 아래를 내려다본 상태를 표현한 도면을 말한다. 평면도는 평면의 구획, 각 실의 출입 관계, 재료의 구성 상태 등의 관련 사항을 표현하기 위한 것이다. 따라서 세부 표현이 필요한 부분은 확대 평면도를 작성하여 표현한다.

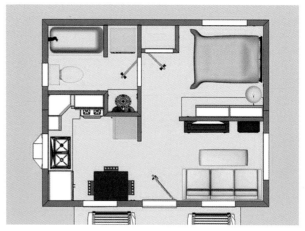

| **평면도** 건물을 수평으로 자른 단면을 보여 주는 것으로 건물 내부의 구조적 배치를 볼 수 있다.

단면도 평면도는 입체감을 표현할 수 없으므로 단면도를 통해 입체감을 표현한다. 단면도는 건축물을 수직으로 절단하여 수평 방향에서 본 그림으로 입체적인 현황을 그려놓은 도면이다. 반드시 지상과 지하 부분을 같이 그려 주며, 수목 및 시설물 등의 실제 높이를 감안하여 축척을 적용하여 그린다.

⸜ 설계도를 그릴 때 실제 사물이나 거리를 일정하게 줄인 비율

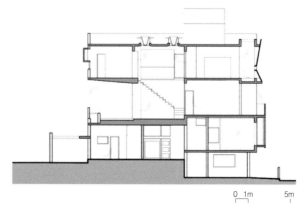

0 1m 5m

| **단면도** 건물을 수직으로 자른 단면을 보여 주는 것으로, 건물 내부 구조를 입체적이면서 명료하게 볼 수 있다.

단면도에는 길이 방향으로 절단한 종단면도와 너비 방향으로 절단한 횡단면도가 있다. 단면도는 건설 구조물의 외관뿐만 아니라 구조체를 형성하는 시공법이나 재료 등 시공에 대한 정확한 정보를 제공하기 위하여 작성한다.

입면도 건축물의 서 있는 모습을 표시한 도면으로 벽면의 높이가 나타나며, 벽면 자체의 고정된 요소들을 우선적으로 정확하게 표시하고 필요한 경우 벽면 가까이에 있는 요소들부터 표시한다. 입면도에는 보는 방향에 따라 정면도, 배면도, 좌측면도, 우측면도 또는 동측면도, 서측면도, 남측면도, 북측면도 등이 있다. 또한 서 있는 방향이 불확실할 경우 도면의 위치를 작성하여 그 방향을 표시한다. 이때 건물의 평면도와 단면도가 서로 일치하도록 작성해야 하는데, 특별한 경우를 제외하고는 인물이나 나무 등은 표시하지 않는다.

| **입면도** 건물을 다양한 방향(동서남북)에서 보여지는 모습을 표현한 도면이다.

실시 설계

　실시 설계는 기본 설계를 바탕으로 공사의 시공, 공사비의 산출, 계약 등에 필요한 *설계 도면을 만드는 과정으로 실제 건설 구조물을 건설할 때 필요한 구체적인 설계 사항을 설계 도면에 표기하는 단계이다. 즉 설계자의 의도를 시공자에게 정확하게 전달할 목적으로 그리는 것이기 때문에 전문적이고 기술적인 내용을 상세하게 표현한다. 건설 구조, 기계 및 전기 설비, *재질 표시, 치수, 배치, 각 부분의 표시 등을 나타내며 재질 및 공정표 등도 정확하게 나타내야 한다.

　토목 분야의 실시 설계에서 작성하는 도면에는 일반도, 응력도, 구조도, 상세도, 재료표 등이 있으며, 건축 분야의 실시 설계 도면에는 단면 상세도, 부분 상세도, 창호도, 전기 설비도 등이 있다.

　　　　　　　　　　　　　　　　　　　　온갖 창과 문♪

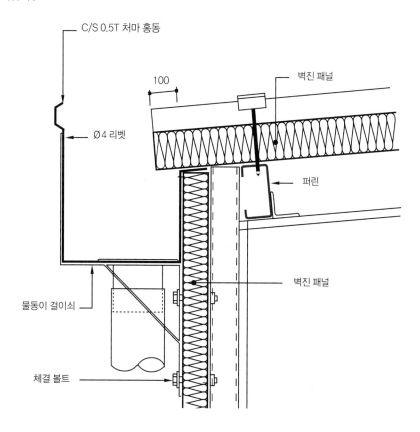

| **실시 설계도(상세도)** 위 그림은 건물 벽체의 단면 상세도로, 평면도나 단면도 등으로 이해하기 어려운 부분을 확대하여 그린 도면이다. 마감 방법, 각 부재의 상세 치수 등을 기입하며, 건설 구조물의 공사 진행 과정에서의 품질이나 경제성 등에 도움을 준다.

*
　설계 도면　건설 구조물의 건설과 관련된 공사용 도면으로, 설계가 복잡한 구조물의 내용이나 그림을 글로 설명한 시방서 등이 표시된 도면을 의미한다.
　재질 표시　건설 재료에 대한 재질을 의미하는 것으로 유리, 콘크리트, 목재 등의 건설 재료의 재질을 도면에 표시한다.

○4 건설 시공

건설 시공 단계에서는 다양한 구조 형식과 여러 가지 공정이 필요하다. 건설 시공을 하려면 어떤 것들이 필요할까?

건설 시공은 건설 구조물을 설계 도면에 따라 정해진 기간 안에 완성하는 단계이다. 따라서 사업부, 설계자, 감리자, 시공자 등이 모두 협력하여 안전하고 튼튼한 건설 구조물을 지어야 한다. 여기에서는 건설 시공에서 이루어지는 다양한 구조 형식, 거푸집 공사, 건설 시공 과정 등에 대해 알아보기로 한다.

다양한 구조 형식

구조는 건설 구조물의 뼈대를 이루는 것으로 안전을 확보하는 데 중요한 요소이다. 건설 구조 형식은 기둥과 보 형식의 단순한 구조에서부터 복잡한 곡면 구조물이나 긴 경간을 이루는 구조 등 다양하다.

〔다리, 건물 등의 기둥과 기둥 사이〕

가구식 구조 목재, 강재 등 가늘고 긴 부재를 잇거나 맞추어 뼈대를 만드는 구조로 목 구조, 철골 구조 등이 있다. 가구식 구조는 구조체가 차지하는 비율이 작기 때문에 공간을 효율적으로 활용할 수 있다.

〔목재, 나무〕
〔가공을 한 강철〕
〔철재로 된 건축물의 뼈대〕

목재로 고층 건물을 지을 수 있을까?

신라 때 지어진 황룡사 9층 목탑은 현재는 남아 있지 않으며 높이는 72.9m라 추정하고 있는데, 이는 아파트 21층 정도의 높이에 해당한다. 오스트레일리아에 지어진 목조 아파트 포르테는 10층 건물로 높이는 32m 정도이다. 콘크리트로 20층 건물을 지을 경우 1,200톤의 이산화탄소가 배출되는 반면, 나무로 같은 높이의 건물을 지으면 3,100톤의 이산화탄소를 흡수할 수 있다고 한다.

| 목조 아파트 포르테

| **목 구조** 건축물의 주요 부분인 기둥, 보, 바닥, 지붕 및 주요 계단이 목재로 이루어진 구조이다.

| **철골 구조** 강재, 철판 등을 용접하여 이어 붙이거나 볼트와 너트 등으로 접합한 구조물이다.

가구식 구조에서는 부재의 조립과 접합 방법이 중요하기 때문에 각 부의 짜임새, 부재의 조립과 접합부의 튼튼함에 따라 강도가 좌우된다. 구조체는 주로 삼각형으로 짜 맞추는 것이 안전하고 튼튼하다.

일체식 구조 철근 콘크리트 구조 또는 철골 철근 콘크리트 구조와 같이 벽, 바닥, 지붕 등 구조체의 주요한 골조를 다른 재료로 접합하지 않고 기초에서 지붕에 이르기까지 전체 구조가 일체가 되도록 견고하게 조성한 구조이다. 특히 일체식 구조는 인장력이 강한 철근과
└ 물체를 늘어뜨리거나 잡아당기는 힘
압축력이 우수한 콘크리트를 결합함으로써, 현재까지 개발된 구조들 중에서 가장 강력하고 균일한 강도를 낼 수 있는 구조이다. 또한 돌 구조나 벽돌 구조 등의 조적식 구조에 비해 내진성이 크다.
└ 지진에 잘 견디는 성질

| **일체식 구조** 내진성, 내화성, 내구성 등이 우수하다.
불에 잘 견디는 성질 ↙   ↘ 원래의 상태에서 변질되거나 변형됨이 없이 오래 견디는 성질

조적식 구조 부재들을 하나하나 쌓아 올려서 건물을 구성하는 구조 양식이다. 가구식 구조나 일체식 구조에서 사용되는 부재들보다 부피가 작은 벽돌이나 블록, 돌 등의 재료와 시멘트나 모르타르를 이용해서 쌓아 올리는 방식이다. 조적식 구조는 아치나 돔 등과 같은 독
└ 시멘트, 물, 모래로 만든 접합용 재료
특한 공간을 만들 수 있는 반면, 건설 구조물을 벽체로 지지하기 때문에 건물의 크기에 따라 벽을 두껍게 해야 하므로 건설 구조물의 무게가 무거워진다. 그리고 조적식 구조는 수평 방향의 힘에 매우 약하기 때문에 이 구조로 구조물을 만들 경우 보강을 충분히 해야 한다.

| **조적식 구조** 벽돌, 블록, 돌 등을 쌓아 올려 만든 구조로 내구성은 우수하나 지진과 같은 수평 방향의 힘에 약하다.

아하
그렇구나

절판 구조와 쉘 구조란?

- **절판 구조**: 종이를 주름지게 접으면 견고해지듯이 판을 주름지게 하여 하중에 대한 저항을
  증가시키는 건축 구조이다. 기본적으로 얇은 판을 구부리거나 접어서 하중에 대한 저항을
  증가시킨다.
- **쉘 구조**: '조개(shell)'와 비슷한 모양이기 때문에 붙여진 용어로 얇은 곡면판 구조이다. 손
  에 쥔 한 장의 종이는 힘없이 휘지만 종이 끝의 가운데를 살짝 눌러서 올려주면 자체의 무
  게와 약간의 추가 하중을 지탱할 수 있게 되는 원리
  를 이용한 것이다.

| 절판 구조

| 쉘 구조의 원리(위)와 쉘 구조로 된 건물

거푸집 공사

거푸집은 콘크리트 구조물을 일정한 형태나 크기로 만들기 위하여 굳지 않은 콘크리트를 부어 넣어 원하는 강도에 도달할 때까지 보호하고 지지하는 가설 구조물이다. 이것은 ↖임시로 설치함 콘크리트를 일정한 모양과 크기로 유지시켜 주며 콘크리트가 단단하게 굳는 데 필요한 수분의 누출을 방지하고 외부 온도의 영향을 차단함으로써 콘크리트가 적절하게 굳도록 한다. 거푸집은 콘크리트가 굳지 않은 상태에서 거푸집 자체의 하중과 콘크리트의 무게, 작업 시의 재료, 장비, 인력 등에 의한 적재 하중에 견딜 수 있도록 튼튼하게 설치되어야 한다.

질문이요 거푸집을 제작할 때 고려해야 할 것은 무엇인가?

거푸집은 철재, 목재 등으로 제작하고 쓰이는 장소에 적합한 강도와 *강성을 가지면서 조립과 해체가 쉽고 콘크리트에 나쁜 영향을 주지 않는 것을 선택해야 한다.

| **거푸집 공사** 콘크리트, 철근과 더불어 토목 공사나 건축 공사에서 매우 중요한 요소이다.

*
강성 어떤 물체가 외부로부터 압력을 받아도 모양이나 부피가 변하지 않는 단단한 성질을 말한다.

활동 거푸집 활동 거푸집은 콘크리트
<small>└ 콘크리트를 붓고 고르게 하는 작업</small>
타설 후 일정한 강도가 되면, 유압 잭
<small>└ 유압을 이용하여 물건을 들어 올리는 기구 ┘</small>
등 기계 장비로 거푸집을 이동시킨 후
연속해서 철근을 조립하여 콘크리트
를 계속 타설하는 공법이다. 이 방식
<small>└ 두 물체를 이은 자리 ┐</small>
을 이용하면 시공 속도가 빠르고 이음
매가 없어 수밀성이 높은 구조물을 만
<small>└ 물이 잘 통과하지 않는 성질 ┘</small>
들 수 있다. 높은 교각이나 수조 등의
공사에 쓰는 수직 방향 이동형과 수로
등에 쓰이는 수평 이동형이 있다.

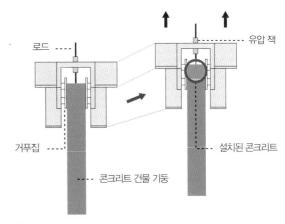

| **활동 거푸집의 원리** 유압 잭을 이용하여 전체 거푸집의 로드(rod)를 따라 지속적으로 상승시킴으로써, 바닥에서 상부까지 이음매 없는 콘크리트 구조물을 제작할 수 있다.

　활동 거푸집을 사용할 경우 하루 평균 4~8m의 속도로 건설할 수 있으며, 건설 중에 크레인 등의 중장비를 이용하여 거푸집을 해체하거나 재조립할 필요가 없다.

| **활동 거푸집을 이용한 건설 구조물** 건설 중에 크레인 등의 중장비를 이용한 지속적인 거푸집의 해체 및 재조립이 불필요한 안전한 건설 공법이다.

자동 상승 거푸집 별도의 해체나 재설치 과정 없이 자체 유압 장치에 의해 스스로 한 개 층씩 거푸집을 상승시키면서 콘크리트를 타설하는 공법이다.

아랍 에미리트 두바이의 부르즈 할리파를 건설할 때에는 거푸집을 건물 핵심 벽체인 코어(core)에서 분리하지 않고 거푸집이 스스로 올라가는 ACF(Aautomatic Climbing Form) 공법을 도입해 3일에 한 개 층씩 골조 공사를 진행함으로써 공사 기간을 단축할 수 있었다. 자동 상승 거푸집은 장비를 이용하여 설치, 인양, 해체하므로 인력이 절감되고 시공 속도가 빠르며, 안전성이 높다.

인양: 끌어서 높은 곳으로 옮김

| 초고층 건물에 이용되는 자동 상승 거푸집

❶ 벽에 거푸집을 고정하고 콘크리트를 타설한다.

❷ 콘크리트가 굳으면 거푸집을 상승시 킨다.

❸ 높은 층까지 단계적으로 유압 시스템을 이용하여 들어 올린다.

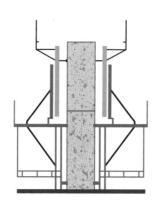

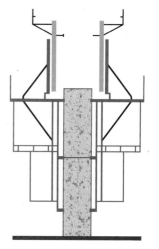

| **자동 상승 거푸집의 원리** 유압 실린더와 가이드 레일 등의 설비가 거푸집에 부착되어 있어 타워 크레인의 지원 없이 자체 상승할 수 있기 때문에 초고층 건물을 지을 때 많이 이용된다.

이색 건축 구조물

| **캔자스 시립 도서관(미국)** 시민들이 투표로 선정한 책으로 3층 높이의 외관을 디자인하였다.

| **디즈니 콘서트 홀(미국)** 스테인리스강(staimless steel)을 주 재료로 하여 장미꽃이 피는 모습을 형상화하였다.

| 노틸러스 하우스(Nautilus House)　멕시코의 멕시코시티에 있는 개인 주
택으로 앵무조개와 비슷한 모습이어서 노틸러스 하우스라고 불리게 되었
다. 건물의 내부도 외부와 같은 콘셉트으로 지어졌는데 내부의 나선형 계단
을 따라 주방, 침실, 서재 등이 연결되어 있다.

건설 시공 과정

🖉 설계가 복잡한 구조물의 내용이나 그림을 글로 설명한 것

　건설 시공은 설계 도면과 시방서에 따라 건설 구조물을 정해진 기간 안에 완성시키는 과정으로, 대지 조사 및 지반 조사 → 가설 공사 → 토공사 → 기초 공사 → 골조 공사 → 설비 공사 → 마감 공사의 순으로 이루어진다.

❶ **대지 조사 및 지반 조사** 대지 조사는 토지의 높고 낮음, 장애물, 전기, 전화, 가스관 등을 조사하고, 지반 조사는 토공사, 기초 공사에 필요한 자료를 조사하는 과정이다.

❷ **가설 공사** 본 공사 실시에 필요한 가림막, 설비, 기계 및 자재 등 관련된 모든 수단을 임시로 설치하여 사용하고 공사가 완료되면 해체 및 철거한다.

❸ **토공사** 흙을 대상으로 한 대지 조성 공사로 터파기, 터돋우기, 터고르기, 기초 파기, 흙막이, 배수 등이 있다.

❺ **골조 공사** 벽체, 기둥, 바닥 등 건물의 뼈대를 이루는 공사로 조적 공사, 목공사, 철근 콘크리트 공사, 철골 공사 등이 있다.

❹ **기초 공사** 상부 구조의 하중을 지탱하기 위해 땅속에 하부 구조를 만드는 공사이다.

❻ **설비 공사** 건물에 필요한 각종 설비를 설치하는 공사로 전기 공사, 급수 공사, 냉·난방 공사, 공기 정화 공사 등이 있다.

❼ **마감 공사** 완성된 건설 구조물에 필요한 마무리를 하는 공사로 지붕 공사, 방수 공사, 미장 공사, 창호 공사 등이 있다.

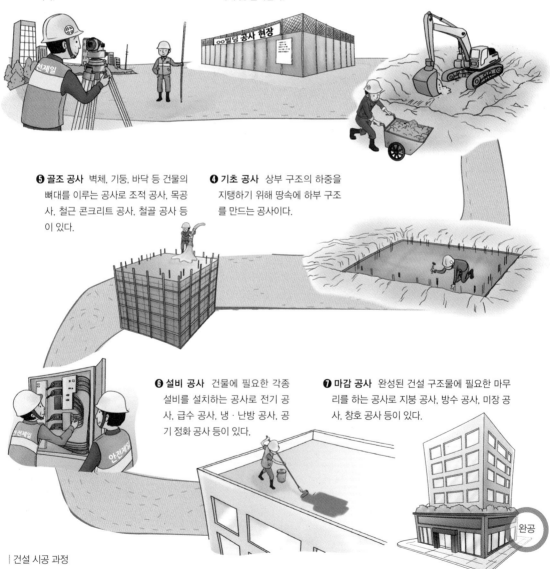

| 건설 시공 과정

05 건설 장비

건설 구조물을 건설할 때에는 여러 가지 장비를 사용하는데, 공사 현장의 상황에 맞는 적절한 건설 장비 사용은 공사의 진행에 중요한 요소이다. 건설에 필요한 장비에는 어떤 것들이 있을까?

도로, 교량, 하천, 항만, 철도 등 각종 공사에 필요한 건설 장비(불도저, 굴착기, 로더, 덤프 트럭, 콘크리트 믹서 트럭, 콘크리트 펌프가, 타워 크레인 등)의 구조와 성능은 제각각이다. 건설 장비는 사람의 힘으로 할 수 없는 작업을 가능하게 하며, 공사 기간을 단축해 준다. 또한 공사 비용을 절감시킬 뿐만 아니라 공사장의 위험으로부터 사람을 보호해 주는 역할까지 한다.

불도저

불도저라는 용어가 건설 장비의 명칭으로 자주 쓰이지만, 정확한 용어는 '도저 블레이드 트랙터'이다. 불도저는 많은 양의 흙과 모래, 자갈 등을 밀어내는 데 사용하는 금속 날이 장착된 무한궤도 트랙터이다.

*차 바퀴의 둘레에 강판으로 만든 벨트를 걸어 놓은 장치

| **불도저** 100m 이내의 단거리 작업에 적합하며, 흙을 밀어 내어 땅을 다지거나 운반하는 일을 한다.

굴착기

건설 현장에서 땅을 파는 굴착 작업, 토사를 운반하는 적재 작업, 건물을 해체하는 파쇄 작업, 지면을 정리하는 정지 작업 등을 하는 건설 기계이다. 굴착기는 장비의 이동 역할을 하는 주행체와 360° 회전하는 상부 선회체 및 작업 장치로 구성되어 있으며, 경우에 따라서는 특정 장비를 연결하거나 교체하여 사용 할 수 있다. 흔히 '포클레인'이라고도 부르는데, 이는 굴착기를 처음 만든 회사 이름이자 상표명인 'Poclain'에서 유래되었다.

| 굴착 작업

| 파쇄 작업

로더

흙과 모래, 자갈 등을 실어 나르는 장비로 대규모 건설 현장에서 주로 사용한다.

| **로더** 기동성이 우수하고 주행 속도가 빠르다.

덤프 트럭

화물이나 건설 재료 등을 운반하는 장비로, 적재함을 뒤쪽으로 기울여 짐을 부리는 리어 덤프형과 옆쪽으로 기울이는 사이드 덤프형 등이 있다.

| 리어 덤프형 트럭

콘크리트 믹서 트럭

콘크리트 믹서 트럭은 흔히 레미콘이라고 불리며, 콘크리트 제조 설비를 갖춘 공장에서 시멘트, 모래, 자갈, 물 등의 재료를 혼합하여 콘크리트를 제조한 후 공사 현장까지 운반하는 장비이다. 차량의 뒤에 있는 기울어진 통을 '믹서'라고 부르는데, 이 믹서 안에는 나선형의 철판이 설치되어 있어 콘크리트를 혼합할 때에는 시계 반대 방향으로 회전하며, 타설할 때에는 시계 방향으로 회전한다.

콘크리트를 일반 트럭으로 옮기면 운송 중 콘크리트가 굳어 버리거나 빗물 등의 이물질이 들어갈 수 있으며, 탱크로리 같은 밀폐된 적재함이 있는 트럭으로 운반하면 운송 중 진동으로 인해 콘크리트의 질이 균일하게 유지되지 않기 때문에 콘크리트 믹서 트럭으로 운반해야 한다.

질문이요 콘크리트 믹서 트럭의 믹서가 계속 회전하는 이유는 무엇일까?

믹서 안에는 시멘트, 모래, 자갈, 물 등이 적절한 비율로 섞인 콘크리트가 굳지 않은 상태로 있는데, 시간이 지나면 크고 무거운 재료들이 바닥에 가라앉게 된다. 따라서 운반 중에도 믹서를 계속 회전시켜 재료들을 섞어줌으로써 콘크리트가 굳어지는 것을 방지할 수 있다.

| 콘크리트 믹서 트럭

콘크리트 펌프카

콘크리트 믹서 트럭이 접근하기 어려운 곳이나 높은 곳에서 작업해야 하는 경우, 콘크리트 펌프카의 파이프와 호스를 이용하여 타설한다. 콘크리트 펌프카의 원리는 주사기를 뒤로 빼서 액체를 주입하고, 밀어서 밖으로 나가게 하는 것과 비슷하다. 즉 자동차 엔진이 유압 펌프를 돌리고 유압 펌프에서 발생한 힘이 유압 실린더에 전달되어 주사기처럼 생긴 유압 실린더가 콘크리트를 이송 파이프로 밀어내는 원리를 이용한다.

| **콘크리트 펌프카** 콘크리트 믹서 트럭이 접근하기 어려운 곳은 콘크리트 펌프카를 이용해서 콘크리트를 운송한다.

타워 크레인

무거운 물건을 들어 올려 위아래나 수평으로 이동시키는 기구

탑 모양의 기중기로, 높이 들어 올릴 수 있고 작업 범위가 넓기 때문에 건축물에 근접하여 작업할 수 있다. 따라서 대도시의 밀집된 고층 건축 공사에 많이 사용되고 있다. 최근에는 *플랜트 건설, 철탑 건설 또는 항만 하역을 위한 타워 크레인 등이 다양하게 제작되고 있다.

타워 크레인은 해체된 상태에서 현장으로 운반해야 한다. 육중한 타워 크레인을 안전하게 설치하기 위해 바닥에 물체를 고정시키는 앵커(anchor)를 심고 그 위에 콘크리트를 붓는다.

어떤 설치물을 튼튼히 정착시키기 위한 보조 장치

---

*

플랜트 산업 기계, 공작 기계, 전기 통신 기계 등의 종합체로서의 생산 시설이나 공장을 말한다.

타워 크레인의 세로 구조물로서 탑을 이루는 부분

10일쯤 지나 콘크리트가 굳으면 이동식 크레인을 이용하여 마스트(mast)와 가로 부분인 지브(jib), 운전실 등을 하나씩 올린다.

물건을 매달기 위한 장치

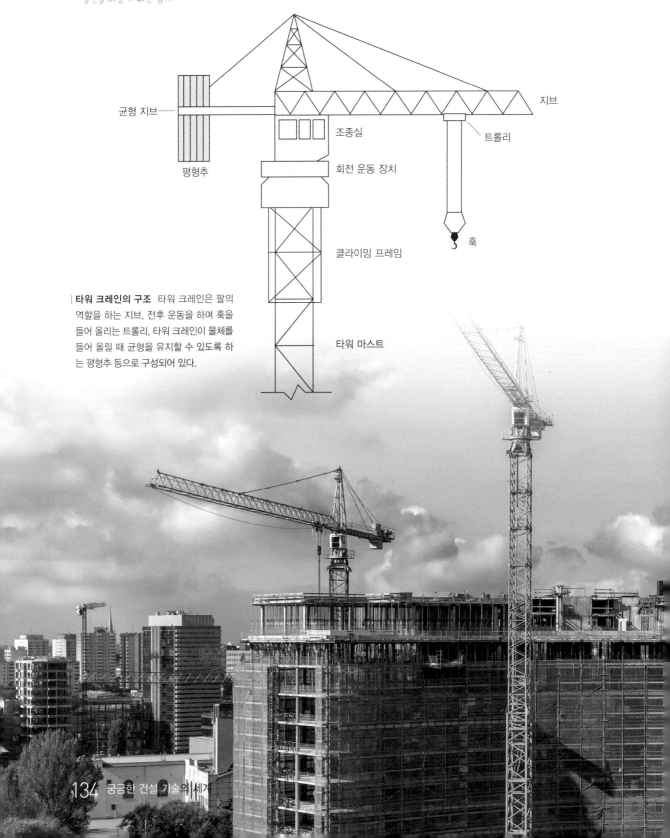

균형 지브

평형추

조종실

회전 운동 장치

지브

트롤리

훅

클라이밍 프레임

타워 마스트

타워 크레인의 구조 타워 크레인은 팔의 역할을 하는 지브, 전후 운동을 하며 훅을 들어 올리는 트롤리, 타워 크레인이 물체를 들어 올릴 때 균형을 유지할 수 있도록 하는 평형추 등으로 구성되어 있다.

초고층 건물에서 타워 크레인을 설치하는 방법은?

일반 타워 크레인의 경우 조종실 아래쪽에 지지대를 감싸고 있는 구조물이 있는데, 이 구조물은 유압 잭으로 되어 있다. 이 장치가 타워를 들어 올려서 생기는 공간에 마스트를 끼워 넣어 높이게 된다. 그러나 초고층 건물을 지을 때는 일반 타워 크레인을 사용하기 어렵기 때문에 벽을 타고 오르는 방식의 클라이밍 타워 크레인을 이용해야 하는데, 이 크레인은 타워 크레인의 뼈대를 추가하는 것이 아니라 타워 크레인 자체를 높인다.

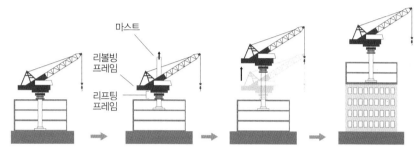

| 클라이밍 타워 크레인의 원리

토론 건축물의 리모델링, 재건축은 필요할까?

고대 로마 때 지어진 콜로세움이나 판테온 신전 같은 석재 건축물은 2천 년이 지난 현재까지도 남아 있다. 그렇다면 콘크리트로 지은 아파트의 수명은 얼마나 될까? 일반적으로 콘크리트의 수명은 100년 정도라고 한다.

따라서 콘크리트로 지은 아파트는 일정한 건축 연한이 지나면 리모델링이나 재건축을 하게 된다. 리모델링은 건축물이 낡아서 제 기능을 하지 못하게 되었을 때 다

※교체 수명은 기존 아파트를 신축 아파트로 바꾸는 데 걸리는 시간(단위: 년)이다.

| 국가별 아파트 교체 수명〈자료: 국토교통부〉

시 제 기능을 발휘하도록 건축물을 개선하는 것이다. 이러한 리모델링에도 불구하고 더 이상 개선이 어려운 경우에는 재건축을 시행한다. 리모델링과 재건축은 건축물의 생애 주기에 따라 순차적으로 진행되는 관리 수단이라고 할 수 있다. 그러나 우리 사회에서는 무분별한 리모델링이나 재건축으로 자원 낭비, 환경 문제 등이 발생하여 사회적 문제가 되고 있다.

1단계 시간이 지날수록 건축물은 어떤 관리가 필요한지 마인드맵으로 그려 보자.

 2단계 건축물의 리모델링과 재건축에 대한 자신의 생각을 정리해 보자.

    첨단 건설 기술의 등장으로 초고층화, 초대형화, 특수화된 건설 구조물이 건설되고 있습니다. 또한 정보 통신 기술의 발달로 컴퓨터와 네트워크, 인공 지능을 갖춘 건물이 등장하였고, 건설 기술은 다른 기술들과 융합된 형태로 발전하고 있습니다.

    이 단원에서는 건설 부문에서의 융합, 건설 기술의 새로운 발전, 친환경적인 요소를 고려한 건설 기술 등에 대해 살펴보겠습니다.

첨단 건설 기술

01 건설 기술과 정보 기술의 융합

 융합이 시대의 트렌드가 되면서 건설 부문에서도 융합의 중요성이 부각되고 있다. 건설 기술과 정보 기술의 융합으로 나타날 수 있는 사례로는 무엇이 있을까?

 오늘날 건설 기술과 정보 통신 기술의 융합을 통해 공사 기간을 단축하고, 공사비를 절감하며, 정확한 시공으로 건설 품질을 높이는 등 건설 산업의 고도화가 이루어지고 있다. 또한 도로, 교량, 철도, 터널 등과 같은 사회 기반 시설에서부터 주거용 건축물과 초고층 빌딩에 이르기까지 첨단화, 복합화 및 고급화를 추구하는 미래 지향적 건설 기술이 발전하고 있다. 특히 현대에는 *RFID 기술의 적용과 로봇을 이용한 건설 자동화에 많은 관심이 집중되고 있으며, 스마트 그리드 기술이 적용되면서 스마트 빌딩이나 스마트 홈의 등장으로 우리의 일상생활에도 많은 변화가 일어나는 추세이다.

> **ThinkGen**
> RFID 기술을 이용하여 모든 사물을 제어할 수 있을까?

질문이요 스마트 그리드란 무엇인가?

 스마트 그리드는 기존의 전력망에 정보 통신 기술을 접목하여 공급자와 소비자가 양방향으로 실시간 전력 정보를 교환함으로써 에너지 효율을 최적화하는 차세대 전력 시스템이다. 스마트 그리드 구축을 통해 효율적인 전기 이용이 가능한 스마트 빌딩, 스마트 홈 등을 지을 수 있다.

안전한 전력 정보 보안 기능
통합 운영 기술
태양광 전기 생산
품질 좋은 전기 공급
여분의 전기 판매
자동화된 소비자 전기 절약
안전하고 튼튼한 전력망
전기 자동차 / 충전소
원격 자동 검침 실시간 수요 관리
분산된 전기 저장

| 스마트 그리드 기술이 적용된 주택

*
 RFID(Radio Frequency Identification, 무선 인식 기술) 전파를 이용하여 의류, 식품, 건축물 등과 같은 사물에 부착된 얇은 평면 형태의 전자 태그를 식별하고 정보를 처리하는 시스템으로 일명 전자 태그로 불린다.

스마트 빌딩

　스마트 빌딩은 건축, 통신, 사무 자동화, 빌딩 자동화 등의 4가지 시스템을 유기적으로 통합하여 첨단 서비스 기능을 제공함으로써 경제성, 효율성, 쾌적성, 기능성, 신뢰성, 안전성을 추구하는 빌딩이다. 즉 건물의 냉·난방과 조명 및 전력 시스템의 자동화, 자동 화재 감지 장치, 보안 경비, 정보 통신망의 기능과 사무 능률 및 환경을 개선하기 위한 사무 자동화를 홈 네트워크로 통합한 고기능 첨단 건물이라고 할 수 있다. 스마트 빌딩은 정보 기술 및 신재생 에너지 기술을 접목한 융·복합 기술로 *스마트 시티 건설을 위한 초석이 된다.

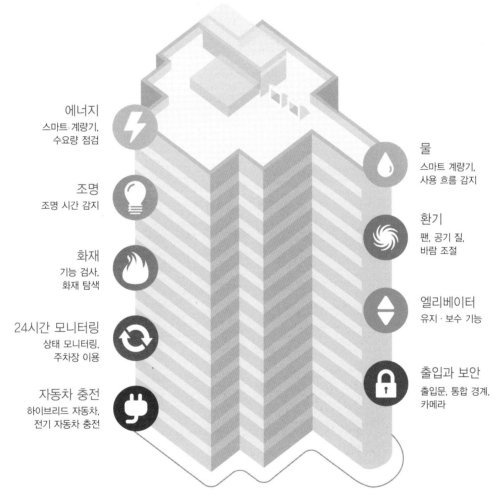

| **스마트 빌딩의 구조**　각종 스마트 센서와 컨트롤 시스템을 기반으로 에너지, 조명, 화재 모니터링, 물 관리, 환기, 엘리베이터, 출입 통제·보안 등의 기능을 제공한다.

＊━━━━━━━━━━
　스마트 시티 인텔리전트 빌딩, 스마트 그리드, 교통 관리 시스템, 상수도 관리 시스템, 빌딩 관리 시스템, 유무선 통신 네트워크 등 각종 서비스가 조화를 이루어 모든 시민이 지능형 서비스를 이용할 수 있게 설계된 신개념 도시를 의미한다.

스마트 홈

집 안에 있는 다양한 가전제품과 보안 시스템 등을 서로 연결하여 편리하게 제어할 수 있는 기술을 적용한 주택이다. 즉, 유무선 통신망으로 연결된 텔레비전, 냉장고, 세탁기, 오디오 등 각종 가전제품, 수도와 전기 시설, 냉·난방 장치 등을 집 안이 아닌 외부나 멀리 떨어진 곳에서도 필

| **스마트 홈** 가정 내 생활 기기와 같은 사물들을 유무선 통신망으로 연결하여 정보를 공유하는 인간 중심의 서비스 환경을 제공하는 기술이다.

요에 따라 모니터링하여 원격으로 조종할 수 있다.

아하
그렇구나

건설 기술과 정보 기술의 융합 사례는?

변단면 슬립폼 시스템은 건설 공사 시 이용하는 거푸집을 자동으로 조절·시공할 수 있는 기술이다. *위성 위치 확인 시스템(GPS)과 정밀 센서, 첨단 무선 조정 장치를 갖춰 400m 이상 높이의 콘크리트 타워도 안전하고 빠르게 시공할 수 있다.

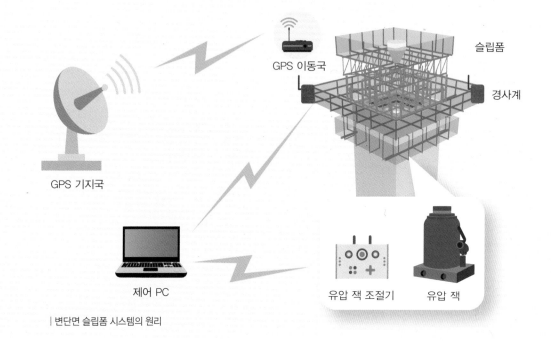

| 변단면 슬립폼 시스템의 원리

*
위성 위치 확인 시스템(GPS) 어느 곳에서나 인공위성과 단말기를 이용하여 현재 사물이나 사람이 있는 위치를 알 수 있는 시스템이다.

02 도로를 이용한 발전

경제가 발달함에 따라 자동차의 수요가 급격히 늘어나면서 교통량 또한 급증하여 많은 도로가 건설되었다. 이 수많은 도로를 활용하여 전기를 생산할 수 있을까?

근래에는 압전 소자를 이용한 전기 생산 기술, 태양 전지를 이용한 태양광 발전 기술이 도로에 적용되고 있는데, 압전 소자 도로, 태양광 도로가 대표적이다.

〔☞ 압력이나 진동을 가하면 전기가 발생하는 장치〕

압전 소자 도로 발전소

압전 소자는 외부의 힘이 가해지면 전기적 성질을 띠게 되는데, 압전 소자 도로는 압전 소자의 이러한 성질을 이용하여 압력, 충격, 진동과 같은 기계적 에너지를 전기적 에너지로 변환하는 친환경 발전 시스템이다. 즉, 압전 소자를 도로나 교량에 매설하여 차량 통행으로 발생하는 압력을 전력으로 전환·저장하고 이를 독립된 전력원으로 활용하는 기술이다.

〔☞ 땅속에 파묻어 설치함〕

ThinkGen
사람의 움직임만으로도 전기를 생산할 수 있을까?

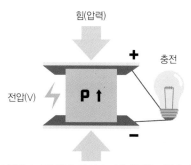

| **압전 소자의 원리** 압전 소자에 압력을 가했을 때 전압이 생겨 전기 에너지가 발생한다.

❶ 압전 소자 매설
압전 소자가 설치된 도로 구간을 자동차가 주행하면 전기가 생산된다.

❷ 충전/제어 장치
생산된 전기는 충전 장치에 저장되었다가 전기가 필요한 곳으로 보내진다.

❸ 전원 공급
· 도로 안개 유도등
· 도로 전광판
· 주차 안내등
· 환경 모니터링

| **압전 소자 도로의 원리** 도로에 압전 소자를 매설하여 자동차나 트럭 등이 주행하면서 발생하는 기계적 진동을 전기 에너지로 변환하여 가정이나 도로 등 전기를 필요로 하는 곳에 공급한다.

| 압전 소자를 이용한 교량(일본, 고시키사쿠라 대교) 차량 진동으로 전기 에너지를 만들어 다리 조명 전력의 일부로 사용한다. 조명이 켜지면 아치 곡선을 따라 아름다운 모습을 볼 수 있다.

아하
그렇구나

우리 생활에서 압전 소자를 이용한 사례는?

| 압전 에너지 블록 우리나라의 부산 서면역에 설치된 길로, 승객들이 이동하면서 일으키는 진동을 이용하여 생산된 전기가 필요한 역의 시설로 보내진다.

| 댄스 클럽 압전 소자(영국) 압전 소자를 댄스 클럽 바닥에 설치하여 사람들의 움직임으로부터 생산된 전기를 댄스 클럽 조명의 보조 전력으로 사용한다.

태양광 도로 발전소

태양광 도로 발전소는 도로 위의 콘크리트에 태양 전지를 설치하고, 그 위에 강화 유리를 깔아서 완성한다. 이때 강화 유리는 오염 물질의 침투를 방지하고 무거운 하중으로부터 태양 전지를 보호하며, 달리는 차량의 미끄러짐을 방지하는 기능을 한다.

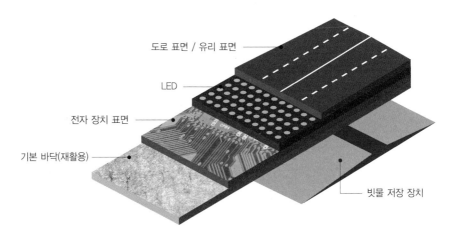

| **태양광 도로의 구조** 태양광 도로는 태양 전지, LED와 발열체 등으로 구성되며, 맨 위에 강화 유리를 덮는다.

태양광 도로에서 생산된 전기는 도로 바닥에 설치된 LED 전구들을 밝혀 차선을 표시하거나 횡단보도, 정지선, 속도 지시 등을 표시할 수 있다. 또한 무선 충전 방식으로 전기 자동차를 충전할 수 있으며, 겨울에는 도로의 특정 영역에 열선을 설치하여 눈이 쌓이지 않게 할 수도 있다.

| **태양광 도로 발전소** 태양광 도로는 강화 유리로 덮여 있어 햇빛에 바로 노출되는 지붕형 집열판에 비해 에너지 효율이 30% 정도 떨어진다.

| **풍력 발전 시스템 다리(이탈리아)** 태양열과 풍력으로 전기를 생산해 내는 시스템을 갖춘 신개념 다리를 의미하며, 다리 유지에 필요한 전기를 자체적으로 생산하여 주변 지역에도 공급할 수 있다.

| **세계 무역 센터(바레인)** 건물을 잇는 3개의 다리에 터빈을 설치하여 풍력 발전을 함으로써 건물에 필요한 전기 에너지의 10~15%를 자체적으로 생산하여 공급한다.

| **스트라타 SE1(영국)** 42층 빌딩 꼭대기에 3개의 대형 터빈을 설치하여 풍력 발전을 한다. 3개의 풍력 터빈이 생산하는 전기는 건물 전체에서 사용하는 전기 에너지의 8% 수준이다.

O3 건설 기술과 3D 프린터

3D 프린터는 특정 소프트웨어로 그린 3차원 설계도를 인식하여 실제 모양과 같이 입체형의 물건으로 찍어 내는 기계이다. 건설 기술에 3D 프린터를 이용하여 집을 짓는다고 하는데 어떻게 가능할까?

Think Gen
3D 프린터로 만든 건설 재료는 무게가 어느 정도 될까?

3D 프린터는 미리 입력된 설계 데이터에 따라 입체형, 즉 3차원 물체를 찍어내는 기계로, 액체 파우더 형태의 폴리머(polymer) 또는 금속 등의 재료를 *가공 · 적층 방식으로 쌓아올려 입체물을 제조하는 방식이다.

합성섬유 등의 원료가 되는 고분자 화합물과 같이 분자가 복수 결합한 것

3D 프린터가 최초로 개발되었을 당시에는 프린팅의 소재가 플라스틱에 국한되어 있었지만, 최근에는 다양한 소재가 개발되어 활용 범위가 넓어지고 있다. 특히 설계도만 있으면 어떤 물건이든 제작할 수 있

_분출 장치_
| **3D 프린터의 원리** 노즐이 재료를 녹여서 그림을 그리면 식어서 굳은 그림 위에 한 층씩 그림을 쌓아 올린다.

| **3D 프린터를 활용한 건물(중국)** 시멘트와 유리 섬유를 활용하여 구조물을 만든 뒤 구조물들을 서로 조립하는 방식으로 지었다. 건축비는 1채당 5,000달러 수준이라고 한다.

* ─────────────────
가공 · 적층 방식(Layer-by-layer) 재료를 분사하여 설계한 물체를 컴퓨터 상에서 여러 층으로 얇게 나눈 후에 한 겹씩 차곡차곡 쌓아 올려서 실제 모양과 같이 물체를 입체적으로 만들어 나가는 기법이다.

기 때문에 산업 구조 전반을 바꿀 수 있는 혁신적 기술로 평가받고 있다.

3D 프린터 기술은 설계 과정에서 3D 프린터를 활용하여 소비자에게 모형을 직접 제시하거나 곡선 모형, 색감 등을 구현할 수 있다. 또 3D 프린터 기술을 이용하여 디자인된 설계를 현장에서 직접 프린팅한 후 조립할 수 있어서 공사 기간을 줄이고 공사 비용을 낮출 수도 있다.

❙ 3D 프린터를 이용한 건설 방식의 예 거대한 3D 프린터에 플라스틱 재료가 아닌 시멘트, 금속 등의 건축 재료를 넣고 작동시켜 다양한 형태의 건설 구조물을 생산할 수 있다.

❙ 3D 프린터를 이용한 달의 기지 건설(상상도) 유럽 우주 기구(ESA, European Space Agency)는 3D 프린터로 달 표면의 흙을 채취하여 기지의 건설 재료를 생산하고, 이 재료로 달의 기지를 건설하는 연구를 진행 중이다.

04 친환경 주택

겨울에는 실내의 온기가 밖으로 빠져나가는 것을 막기 위해 커튼을 치거나 문풍지를 바르기도 한다. 이러한 방법보다 좀 더 효율적으로 열 손실을 막거나 에너지를 얻을 수는 없을까?

친환경 주택이란 자연환경과 어울리면서 에너지를 덜 사용할 수 있게 지은 주택으로, 패시브 하우스(passive house)와 액티브 하우스(active house)가 대표적이다.

패시브 하우스

패시브 하우스란 건물의 계획 단계부터 대지의 특성 및 기후 환경에 대한 이해를 통해 자연 에너지의 활용도를 높이고 에너지의 사용량을 최소화하는 주택을 말한다. 건물의 배치, 자연 채광, 자연 환기 등을 고려하여 건물의 에너지가 바닥, 벽, 지붕, 창문 등을 통하여 밖으로 새 나가는 것을 최대한 차단하여 에너지 소비를 줄이는 구조이다.

ThinkGen
미래의 주택은 화석 에너지를 전혀 필요로 하지 않을까?

패시브 하우스에는 열 회수 환기 장치를 설치하는데, 이것은 실내에서 발생하는 이산화탄소를 외부의 신선한 공기로 바꿔 주면서도 내부의 열은 그대로 보존하는 장치이다. 또한 고성능 단열 창틀과 다중 유리창을 사용해 에너지 손실을 막고, 에너지 투과율이 높은 유리를 사용해 태양열을 최대한 받아들이는 구조로 되어 있다.

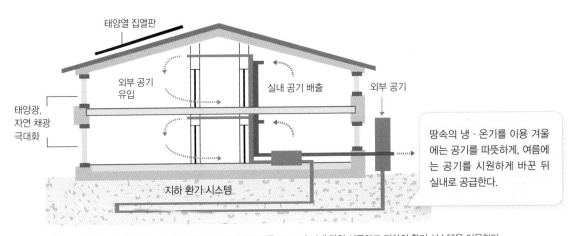

태양열 집열판
태양광, 자연 채광 극대화
외부 공기 유입
실내 공기 배출
외부 공기
지하 환기 시스템
땅속의 냉·온기를 이용 겨울에는 공기를 따뜻하게, 여름에는 공기를 시원하게 바꾼 뒤 실내로 공급한다.

| **패시브 하우스의 원리** 태양 에너지를 최대한 활용하며, 벽체의 두께를 30cm가 넘게 단열 시공하고 지하의 환기 시스템을 이용한다.

| **패시브 하우스** 고단열의 두꺼운 단열재로 건물 외벽을 완전히 둘러싸서 건물 틈새로 새어 나가는 에너지를 최소화한다.

액티브 하우스

액티브 하우스란 석탄, 석유 등을 연료로 하는 화석 에너지를 사용하지 않고 태양열 발전, 태양광 발전, 풍력 발전, 지열 냉·난방 등의 신재생 에너지를 이용한 설비를 갖춰 전기를 생산하거나 난방을 하는 주택이다.

✍ 지하수, 지하의 열 등의 온도차를 이용하여 냉·난방에 활용하는 기술

| **액티브 하우스** 태양광, 태양열 등을 이용하여 스스로 에너지를 생산하고 소비하는 건축물이다.

액티브 하우스는 에너지 소비를 최소화하도록 설계하며, 고효율 설비 및 조명 시스템을 갖추고 신재생 에너지 및 다양한 에너지원을 통합적으로 자동 제어하고 관리 · 운영할 수 있도록 짓는다.

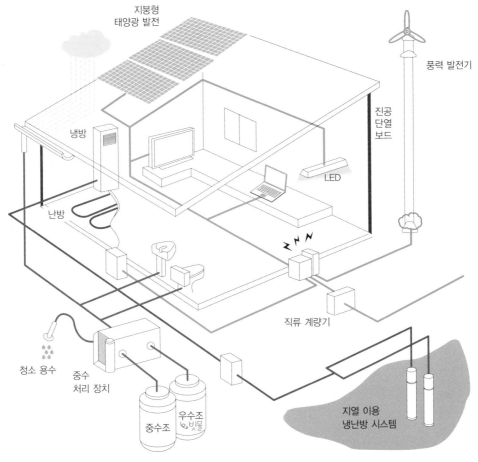

지붕형
태양광 발전

풍력 발전기

진공
단열
보드

냉방

LED

난방

직류 계량기

청소 용수

중수
처리 장치

중수조

우수조
빗물

지열 이용
냉난방 시스템

| 액티브 하우스의 에너지 생산 시스템

질문이요 패시브 하우스와 액티브 하우스의 차이는 무엇일까?

종류	정의	적용 기술
패시브 하우스	외부로 열이 최대한 빠져나가지 않도록 두꺼운 단열재를 건물 외벽에 사용하는 주택이다.	에너지 소비량을 최소화하기 위한 설비 및 시스템을 적용하고, 자연 채광과 환기를 고려하여 건물을 배치한다. 또 단열 효과를 높이기 위한 창호, 단열재, 블라인드를 설치한다. 창이나 문
액티브 하우스	필요한 에너지를 자체 생산하여 충당하는 주택이다.	태양광 발전, 태양열 발전, 지열 냉난방, 가정용 연료 전시, 가정용 축전지 등의 신재생 에너지를 이용한다.

에너지 제로 하우스

에너지 제로 하우스는 고단열 제품을 통해 외부로 새어 나가는 열을 차단하고, 신재생 에너지와 고효율 제품 등을 사용하여 외부의 별도 에너지를 사용하지 않는 미래형 주택이다. 즉, 태양열, 지열 등의 신재생 에너지를 이용하여 필요한 에너지를 자체적으로 생산하는 액티브 하우스 기술과 고성능 단열 창호, 보온 단열재 등을 사용하여 실내의 열 손실을 줄이는 패시브 하우스 기술을 접목한 주택이다.

풍력 발전 태양열과 함께 전기 공급원으로 활용

고성능 단열 시공 외부 단열재를 두껍게 하거나 여러 층으로 하여 단열 효과 증가

태양 전지판 전기 공급원으로 활용

옥상 녹화 단열 효과 증대

지열 이용 태양열, 풍력과 함께 냉난방 에너지 공급

삼중창 열 손실 감소

벽면 녹화 도시 전체*열섬 효과 감소

| 에너지 제로 하우스의 구조

| **친환경 도시 베드제드 에너지 제로 단지(영국)** 최적의 조건에서 최소한의 에너지를 사용한다는 단순한 아이디어를 기본으로 한 베드제드는 탄소 에너지 발생을 줄이기 위해 직장과 주택이 근거리에 만들어져 단지 내에 82개의 아파트, 복층 아파트, 타운 하우스, 그리고 복지 회관과 탁아소를 포함한 작업 공간으로 구성되어 있다.

*
열섬 효과 도시 내의 인공 열이나 대기 오염으로 도시의 중심부가 변두리 지역보다 기온이 높게 나타나는 고온 지역(열섬)이 형성되는 것을 말한다.

05 모듈러 하우스

앞으로 건설 기술이 더 발달하면 건설 구조물을 짓는 데 걸리는 기간을 얼마나 줄일 수 있을까? 미래에는 집 한 채를 짓는 데 얼마나 걸릴까?

모듈러 하우스란 기본 골조, 전기 배선, 온돌, 문, 욕실 등 표준화된 건축 모듈을 공장에서 제작하여 건축 현장에서 설치·조립하는 방식으로 지은 건물이다. 이 공법을 이용하면 균일한 품질을 유지할 수 있고, 대량 생산을 통해 건축비를 절감할 수 있다. 따라서 빠르게 증가하는 다양한 형태의 주거 양식에 대응할 수 있다. 또한 재활용이 불가능한 콘크리트 대신 재활용이 가능한 표준화된 부재를 사용함으로써 친환경적인 주택을 공급할 수도 있다.

조립 부품

ThinkGen
모듈러 하우스 공법으로 고층 건물도 지을 수 있을까?

| 모듈러 하우스

| 모듈러 하우스 제작 과정 모듈러 하우스는 조립하는 방식을 이용하기 때문에 공사 과정에서 날씨의 영향을 거의 받지 않아 공사 기간을 단축시킬 수 있다.

06 건설 기술과 로봇

로봇은 인간을 대신하여 다양한 작업을 수행할 수 있다. 건설 부문에서 인간을 대신하여 로봇이 할 수 있는 작업에는 어떤 것이 있을까?

건설 분야는 다른 산업 분야에 비하여 사람에 대한 의존도가 높은 것이 특징이다. 그러므로 건설 현장에서 작업자의 미

ThinkGen
고층 빌딩을 지을 때 로봇을 어떻게 이용할 수 있을까?

숙한 기술이나 실수로 큰 사고나 인명 피해가 일어날 수 있다. 이러한 문제점을 해결하기 위한 방안으로 건설 현장에 로봇을 이용하는 기술이 등장하고 있다. 해저, 지하, 오염 지역, 사막 등 일상적인 작업이 어렵거나 위험한 작업 환경에서 인력을 대체하여 작업할 수 있는 원격 조종 로봇이나 일부 자율적인 판단에 따라 스스로 작업을 수행하는 로봇 등을 활용하면 건설 현장의 안전을 강화하고 작업 환경을 개선할 수 있게 되었다.

사례1 철거용 로봇
굴착, 정지 작업, 흙 돋우기, 제설 등에 사용하는 토목 기계의 총칭
지능형 도저, 굴착기, 덤프트럭 등으로 구성된 자동화 로봇 시스템으로, 실시간으로 지형을 파악하여 작업할 수 있다. 위험한 작업 공간에서는 원격 조종이 가능하여 작업자의 건강과 안전을 지키는 데 도움을 준다.

| 철거용 로봇

사례2 콘크리트 타설 로봇

콘크리트 혼합물을 필요한 곳에 넣고 다지는 일

터널에서 콘크리트를 타설할 때 소방 호스로 물을 뿌리듯 사람이 일일이 콘크리트 분사기를 들고 작업을 진행하는데, 콘크리트 타설 로봇으로 이를 대신할 수 있다. 콘크리트 타설 로봇은 입력된 프로그램에 따라 움직여 레이저로 위치를 정확히 파악한 후 스스로 로봇 팔을 움직여 콘크리트를 뿜어내는데, 두께를 센티미터(㎝) 단위까지 조절할 수 있다.

| 콘크리트 타설 로봇

사례3 벽돌 쌓기 로봇

건설용 로봇은 사람을 대신하여 위험한 작업을 수행하거나 생산성을 향상시킬 목적으로 개발되어 사용되고 있다. 벽돌 쌓기 로봇은 시간당 1,000여 장의 벽돌을 쌓을 수 있는데, 이는 사람이 할 때보다 약 20배 빠른 속도로 생산성 향상에 도움을 준다.

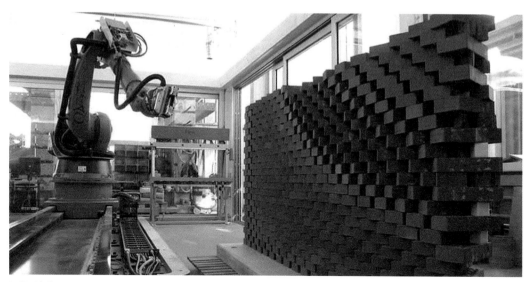

| 벽돌 쌓기 로봇

사례4 유지 · 보수 로봇

오래되고 낡은 토목 시설을 검사하거나 유지 · 보수
하는 로봇이다. 다양한 형태의 하수관을 원격 검측하
고 유지 · 보수하는 로봇이나 교량을 수중에서 보수
하는 로봇 등이 있다.

멀리 떨어져 있음
검사하고 측정함

사례5 콘크리트 재활용 로봇

재건축 대상 건물의 콘크리트를 자동으로 분해하
어 재활용하도록 돕는 로봇이다. 대형 기중기나 굴착
기 없이도 고압의 물총과 강력한 흡입력을 내는 기술

무거운 물건을 들어 올려 위아래나 수평으로 이동시키는 기계

| 유지 · 보수 로봇

을 적용하여 건물 벽에서 콘크리트를 자동으로 떼어 낼 수 있다. 건물의 잔해가 거의 발생하지 않고 철골
구조는 다시 사용할 수 있는 장점이 있다.

| **콘크리트 재활용 로봇** 떼어 낸 콘크리트는 건축용 블록을 제조하여 재활용할 수 있다.

07 똑똑한 건설 구조물

겨울에 눈이 많이 내렸을 때 도로에 쌓인 눈을 제대로 치우지 않으면 교통 체증이 일어나거나 대형 교통사고가 발생할 수 있다. 이를 대비해 도로의 상태를 미리 파악하거나, 도로 스스로 눈을 녹게 할 수는 없을까?

정보 통신 기술의 발달에 힘입어 유비쿼터스(ubiquitous) 시대가 열렸다. 유비쿼터스란 언제 어디서나 자유롭게 네트워크에 접속할 수 있는 정보 통신 환경을 의미한다. 따라서 교량, 도로, 터널, 댐 등의 건설 구조물에 유비쿼터스 기술을 적용한다면 시설물 관리를 한층 더 효율적으로 할 수 있을 것이다.

지능형 도로

지능형 도로는 첨단 센서와 유·무선 통신망을 통해 다양한 정보를 수집·제공한다. 예를 들어 운전자가 도로 기상 정보 시스템을 통해 목적지까지의 도로 상태나 안개 등의 날씨 상황을 미리 알 수 있다면, 사고 위험을 크게 줄일 수 있다. 그리고 도로에 설치한 센서나 영상 감지기로 도로 위의 교통 정보를 실시간으로 수집하여 이를 도로 전광판이나 유·무선 통신을 통해 사람들에게 알려 준다면, 운전자는 가장 적합한 경로를 선택하여 빠르고 안전하게 목적지에 도착할 수 있을 것이다.

| 도로 결빙 방지 시스템 도로 표면에 장착된 특수 센서가 쌓인 눈을 스스로 감지하여 도로 위에 액상 염화칼슘을 자동으로 뿌려준다.
물질이 액체로 되어 있는 상태

구조 상태 모니터링 시스템

건설 구조물은 내·외부적 요인으로 인하여 상태가 변할 수가 있는데, 이러한 상태를 오랫동안 방치하면 치명적인 안전사고가 일어날 수 있다. 건설 구조물에 대한 점검 실패로 붕괴 사고가 일어난다면 엄청난 인명 피해와 물적 손실이 발생한다. 따라서 건설 구조물을 영구적으로 안전하게 사용하기 위해 등장한 방법이 구조 상태 모니터링이다. 즉, 센서와 로봇 그리고 유·무선 통신망을 결합하여 상시 모니터링과 무인 방재¹ 및 관리를 하는 것이다. 그리고 기후 조건 및 에너지 수급 상황과 건축물의 에너지 수요 변화를 실시간으로 파악하여 에너지 소비를 최소화할 수 있는 지능형 건설 구조물 시스템이라고 할 수 있다.

¹ 폭풍, 홍수, 지진, 화재 등의 재해를 막는 일

| **건설 구조물의 구조 상태 모니터링** 건설 구조물이 가지고 있는 고유한 값을 측정하여 구조물의 상태를 측정함으로써, 위험 상태에 도달하기 전에 피해를 감지하고 안전에 문제가 되는 것을 신속하게 개선하기 위한 시스템으로 건설 구조물의 안전성을 확보할 수 있다.

| **I-35W 다리 붕괴(미국)** 이 다리는 설계 오류로 상판과 상판을 잇는 이음새 부분이 끊어져서 무너져 내렸다. 이음새 관리가 중요한 교량에서 구조 상태를 꾸준히 감시했다면 사전에 보수가 이루어져 붕괴를 막을 수 있었을 것이다.

스마트 건설 재료

스마트 건설 재료란 외부 환경의 변화에 따라 반응하는 건설 재료이다. 즉, 주위의 환경 변화를 감지하여 스스로 진단하고, 조절·적응하거나 손상을 스스로 복구·복원하는 능력 또는 수명을 판단하는 능력을 가진 건설 재료를 말한다.

| 자가 치유 콘크리트 콘크리트가 갈라진 틈에 박테리아가 자라게 함으로써, 손상된 부분을 치유하는 콘크리트이다.

스마트 건설 재료의 원리는 환경에 적응하는 생명체의 특징을 모방한 것이다. 예를 들어 불에 잘 견디고 연기를 흡수하는 생물체가 있다면, 그 원리나 기능을 모방한 건축 재료를 개발하고 건물에 도입함으로써 화재 피해를 줄이는 것이다. 이처럼 스마트 건설 재료는 생물체처럼 환경 변화에 반응한다는 점에서 미래의 수요를 만족시킬 수 있을 것으로 기대되고 있다.

아하
그렇구나

에너지 효율을 높이는 녹색 건설이란?

녹색 건설이란 신재생 에너지나 친환경 기술 등을 이용하여 환경 오염을 줄이고, 에너지 효율성을 향상시키며, 온실가스를 줄이는 건설 방법이다. 최근에는 녹지가 부족한 도심의 건물에 옥상 정원, 옥상 카페를 만들거나, 빌딩이나 공장에 에너지 절감형 시스템을 도입하여 에너지 효율과 친환경 건설을 염두에 둔 건설 방법들이 등장하고 있다.

| 건물의 탄소 배출량을 줄이기 위한 옥상 녹화

08 극한 건설

남극은 사람이 살 수 없는 지역이지만 우리나라를 비롯한 여러 나라에서 과학 기지를 건설하여 운용하고 있다. 극한 지역인 남극의 강한 눈보라 속에서 어떻게 건물을 지을까?

극한 건설이란 일반적인 지역이 아닌 극지방이나 해양 지역 등과 같은 혹독한 환경에서 건설 구조물을 짓는 것을 말한다. 극한 환경에서는 일반적인 장비로 정지 작업이나 굴착을 하기 어렵기 때문에 첨단 건설 장비를 사용해야 한다. 예를 들어 남극과 같은 극지방은 기온이 매우 낮고 바람도 매우 강해서 건설 작업을 할 수 있는 기간은 1년에 2개월 정도에 불과하다. 따라서 이러한 지역에서 건설 구조물을 지으려면 낮은 온도에 민감한 재료 대신 추위에 강한 재료를 주로 사용해야 하고, 가벼우면서도 튼튼한 구조의 부재를 모듈식으로 제작하여 현장으로 운반한 후 조립·가설하는 공법을 사용해야 한다.

| 아문센 스콧 기지(미국) 남극점에서 가장 가까운 곳에 위치하며 최저 기온이 영하 63℃까지 내려가는 등 남극 대륙에서도 가장 악조건 속에서 건설된 기지이다. 돔 형태의 초창기 기지가 빙상의 흐름과 많은 적설량에 의해 눈에 묻히는 문제가 발생하였기 때문에 새로운 기지에서는 총 36개의 기둥이 동시에 움직여 기지를 상승시킬 수 있도록 건설되었다.

| **워터 디스커스 호텔(두바이)** 우주선과 같은 대형 원반 형태의 건축물 두 동을 수직 기둥으로 연결하였는데, 한 동은 물 위에 다른 한 동은 물속에 위치해 있다. 해수면 9m 아래의 객실에는 대형 유리 창문이 있어 환상적인 바다 풍경이 훤히 내다보인다.

| **팜 주메이라(두바이)** 주메이라 해안에 건설된 야자수 모양의 인공 섬으로 하나의 굵은 줄기와 17개의 가지, 그리고 긴 방파제로 이루어진 초승달 모양이다. 10.5m 깊이의 해저면에 모래를 부어 해수면 위 3m까지 올라가도록 매립하는 방식으로 건설되었으며 총면적은 560만㎡이다.

토론 건물의 에너지 효율을 높이려면 어떻게 해야 할까?

우리가 생활하는 학교, 사무실, 집, 상가 건물에서는 전기나 냉·난방 시설 가동 등을 위해 각종 에너지를 사용하는데, 이는 *온실가스 발생의 원인이 된다. 따라서 온실가스를 줄이기 위해서는 산업, 수송 부문의 에너지 절약 못지않게 우리가 생활하는 건물의 에너지 사용량을 줄이는 노력이 필요하다.

현대 사회에서는 급격한 도시화와 개발이 이루어지면서 주택, 아파트를 비롯한 각종 주거 시설, 상업 시설, 공공시설 등이 크게 늘어났다. 그런데, 건물은 한 번 지으면 30년 이상 장기간 사용해야 하고, 우리의 생활과도 밀접한 관련을 가지기 때문에 건축 계획을 세울 때부터 에너지를 효율적으로 사용할 수 있도록 신중하게 설계해야 한다. 단열이나 자연 채광이 잘 되지 않는 건물은 덥거나 추울 때 냉·난방 시설을 더 가동해야 하므로 에너지 사용량이 늘어나게 된다. 그러나 에너지 절약형 건물은 전기나 냉·난방 비용을 줄이고 에너지 효율을 높일 수 있기 때문에 온실가스를 감축할 수 있고 나아가 기후 변화에도 능동적으로 대처할 수 있다. 우리가 환경을 보호·유지하려면 에너지 소비를 줄이고 어느 정도의 불편함은 감수하는 생활을 해야 한다. 이를 위해 우리의 일상생활과 가장 밀접한 건물에서 사용되는 에너지를 줄이는 것이 무엇보다 중요하다.

*
온실가스　지구 대기를 오염시켜 온실 효과를 일으키는 가스를 통틀어 이르는 말로, 온실 효과란 대기 중의 수증기, 이산화탄소, 오존 등이 지표에서 우주 공간으로 향하는 적외선 복사를 대부분 흡수하여 지표의 온도를 높이는 작용이다.

단계 건물에서 소비되는 에너지를 마인드맵으로 그려 보자.

단계 건물에서 소비되는 에너지를 줄일 수 있는 방법에 대해 자신의 생각을 정리해 보자.

건설 기술 과 관련된 직업을 알아보아요

빌딩 정보 모델링 전문가

하는 일 건축물의 설계 과정에서 3차원 시뮬레이션을 통해 설계가 잘 되었는지 여부와 공법에 따른 시공 과정 등을 사전에 검토한다. 이를 통해 시공 과정에서 일어날 수 있는 문제나 이상 여부를 점검하고, 건물의 생애 주기 중에 발생할 수 있는 건축 재료 및 시설 장비 등의 교체 시기, 이력 등을 관리한다.

관련 학과 건축학과, 건축공학과, 정보처리학과, 통계학과 등

친환경 건축 컨설턴트

하는 일 건축물의 열, 빛, 공기질 등의 물리적 환경 성능을 향상시키기 위한 기술 컨설팅을 수행하거나 친환경 관련 각종 인증을 취득할 수 있도록 설계 및 시공안을 검토하고 적용 가능한 요소들을 제안한다. 또한 기존 건축물의 실내외 환경 개선에 필요한 컨설팅 업무도 수행한다.

관련 학과 건축학과, 환경공학과, 환경시스템공학과, 건축설비학과, 조경학과 등

건축 시공 기술자

하는 일 건축물의 공사 현장에서 공사 기간, 시공 방법, 건설 기능공, 건설 기계 및 건설 자재 투입량 등을 관리하고 공사가 설계에 따라 진행되고 있는지 감독한다. 현장을 관리하고 돌발 상황에 대처하며 건축 기술공들에게 기술적인 지원을 하거나 설계 변경, 원가 관리, 환경 관리 등 현장 행정 업무를 처리한다.

관련 학과 건축공학과, 토목공학과, 건축설비학과, 도시건축학과 등

인테리어 디자이너

하는 일 건축물의 목적과 기능, 예산 및 건축 형태 등 내부 시설에 영향을 주는 요인을 조사하여 인테리어 설계 방향을 수립한다. 이를 통해 공간 구조, 가구나 시설의 배치 및 이용, 색상 등 실내 공간을 디자인하고, 업체를 선정하여 설계에 따라 시공되고 있는지 작업 현장을 관리·감독한다.

관련 학과 건축디자인과, 건축실내디자인과, 건축인테리어과, 건축학과 등

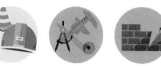

건설 재료 연구원

하는 일 건설 현장에서 사용하는 각종 건축 재료에 대한 연구를 한다. 콘크리트의 동결·융해 등을 측정하고, 금속 재료의 인장력, 단열재의 열전도율, 아스팔트 혼합물 및 배합 설계 등을 시험하며 성능 개선을 위한 업무를 수행한다.

관련 학과 재료공학과, 화학공학과, 건축설비학과, 금속공학과, 세라믹공학과, 정밀화학공학과 등

도시 계획가

하는 일 국토 및 도시의 공간 구조, 토지 이용, 각종 단지(주거·공업·상업 단지)·공원·도로망에 대한 기획, 계획, 설계, 시공, 유지 관리를 포괄하는 도시 계획 및 개발 관련 업무를 수행한다. 또한 도시 개발에 따른 효율성 및 실효성이 있는 기술에 대한 제안 업무와 기술 개발 업무도 한다.

관련 학과 도시계획학과, 도시계획공학과, 지역개발학과, 도시공학과 등

지리 정보 시스템 연구원

하는 일 지리 정보 시스템(GIS)의 효율적인 구축을 위한 지리 정보 시스템 데이터베이스 구축 방안 및 표준안, 지리 정보 시스템 데이터 유통 방안 등을 연구한다. 또한 지도 제작의 표준화 및 유지 관리, 원격 탐사 및 GPS, 3차원 분석, 매핑 기술, 공간 분석 등의 기술을 개발하고 활용 방안을 연구한다.

관련 학과 지리학과, 도시정보공학과, 지리정보학과, 지구정보학과 등

옥상 정원 디자이너

하는 일 건축물의 옥상, 주택의 베란다 등에 개성 있는 정원을 만드는 일을 한다. 정원이 들어서게 될 장소의 특성을 파악하여 건축물 또는 주택 전체와 옥상의 관계와 주변의 경관, 옥상의 방향, 옥상 주변의 기후, 옥상 주변의 토양 등을 검토하여 장소에 맞는 옥상 정원을 디자인한다.

관련 학과 건축학과, 토목공학과, 건축디자인과, 건축설비학과, 도시계획과 등

참고 문헌 및 참고 사이트

참고 문헌

김동훈 · 박영란, 건축, 그 천년의 이야기, 삼양미디어, 2010년
김문겸, 처음읽는 미래과학 교과서, 김영사, 2009.
김수삼 편저, 건설 산업, 왜 아직도 혁신인가?, 생각의 나무, 2010.
노인철 · 주정준, 건축시공, 문운당, 2009.
마리오 살바도리, 왜, 건물은 지진에 무너지지 않을까, 도서출판 다른, 2009.
문중양, 우리 역사 과학 기행, 동아시아, 2006.
미래를 준비하는 기술교사 모임, 테크놀로지의 세계 1, 2, 3, 랜덤하우스코리아, 2010.
미셸 프로보스트, 건축물의 구조 이야기, 그린북, 2013.
사이토 마사오, 건축 공간 구조이야기, 기문당, 2009.
심우갑 외, 건축설계의 이론과 실행, 문운당, 2007.
안젤라 로이스턴, 미래를 여는 건축, 다섯수레, 2011.
에타 카너, 공부가 되는 세계의 건축, 아름다운 사람들, 2013.
이석원 · 김순겸 · 안혜경, 청소년을 위한 동양 미술사, 두리미디어, 2013.
이재인, 건축 속 재미있는 과학 이야기, 시공사, 2007.
장정제, 알기쉬운 건축이야기, 시공문화사, 2015.
제임스 C. 스나이더 · 안토니 J. 캐터니즈, 건축학개론, 기문당, 2011.
지호진, 아해! 그땐 이런 과학 기술이 있었군요, 주니어 김영사, 2011.
지호진, 아해! 그땐 이런 문화재가 있었군요, 주니어 김영사, 2011.
캐롤 스트릭랜드, 클릭, 서양미술사, 예경, 2010.
필립 시몽 · 마리-로르 부에, 위대한 건축의 역사, 깊은 책 속 옹달샘, 2007.

참고 사이트

건축도시공간연구소 http://www.auri.re.kr
건설산업교육원 http://www.con.or.kr
문화재청 http://www.cha.go.kr
물사랑 홈페이지 http://ilovewater.or.kr
수원화성박물관 http://hsmuseum.suwon.go.kr
워크넷 http://www.work.go.kr
청림건축문화재단 http://junglimfoundation.org
한국건설기술연구원 https://www.kict.re.kr
한국건설기계산업협회 http://www.kocema.org
한국건설관리공사 http://www.korcm.co.kr
한국건설신문 http://www.conslove.co.kr
한국미래기술연구원 http://www.kecft.or.kr
한국에너지공단 http://www.kemco.or.kr
한국에너지공단 신재생에너지센터 http://www.knrec.or.kr
(사)한국건축역사학회 http://www.kaah.or.kr

[이미지 출처]

119쪽 목 구조 게티이미지뱅크
　　　철골 구조 http://www.emlii.com/images/article/
　　　2014/02/52f0f60204bc9.jpeg
120쪽 일체식 구조 게티이미지뱅크
121쪽 조적식 구조 https://ncptt.nps.gov/wp-content/uploads/
　　　Boyle-Hotel-after-rehabilitation.jpg?351e8a
　　　절판 구조 http://www.top10berlin.de/sites/top10berlin.de/
　　　files/styles/juicebox/public/location/slider/2014/07/15/slider_
　　　tempodrom_nachts_foto_sebastian_greuner.jpg?itok=Y-nVN1v0
　　　쉘 구조 http://cdn.homedit.com/wp-content/uploads/
　　　2010/12/14.jpg
122쪽 거푸집 공사 http://aviationwallpaper.com/wp-content/
　　　uploads/2015/04/concrete-formwork.jpg
123쪽 활동 거푸집 http://mccormickconstruction.com/wp-content/
　　　uploads/2012/02/Slip2.jpg
124쪽 자동 상승 거푸집 ttp://wixphoto.com/wp-content/
　　　uploads/2011/11/buildingconstruction.jpg
125쪽 캔자스 시립 도서관 http://www.emlii.com/images/article/
　　　2014/02/52f0f1b8ad7d1.jpeg
　　　디즈니 콘서트 홀 http://www.emlii.com/images/article/2014
　　　/02/52f0f5b739a5f.jpeg
126쪽 노틸러스 하우스 http://www.arquitecturaorganica.com
129쪽 불도저 게티이미지뱅크
130쪽 굴착 작업, 파쇄 작업 게티이미지뱅크
131쪽 로더, 리어 덤프형 트럭 게티이미지뱅크
132쪽 콘크리트 믹서 트럭 게티이미지뱅크
133쪽 콘크리트 펌프카 게티이미지뱅크
134쪽 타워크레인 게티이미지뱅크
136쪽 여러 빌딩들 아이클릭

4단원

138쪽 빌딩 게티이미지뱅크
139쪽 스마트 홈 https://media.licdn.com/mpr/mpr/jc/p/5/005/ 0b
　　　0/3c2/147a75d.jpg
　　　용접 로봇, 팜 주메이라 게티이미지 뱅크
142쪽 스마트 홈 https://media.licdn.com/mpr/mpr/jc/p/5/005/
　　　0b0/3c2/147a75d.jpg
144쪽 고시키사쿠라대교 http://blogs.c.yimg.jp/res/blog-ae-
　　　2a/tokyonightsightview/folder/1514318/21/60745521/
　　　img_8?1261709726
　　　http://www.shutoko.jp/~/media/Images/customer/fun/
　　　lightup/goshikizakura/mainimg-day.jpg
　　　압전 에너지 블록 정책브리핑(http://www.korea.kr)
　　　댄스 클럽 압전 소자 http://greenly.ro/greenly.ro//wp-
　　　content/uploads/2012/05/P1050707-Kopie1.jpg
145쪽 태양광 도로 발전소 http://cdn0.dailydot.com/cache/d2/b6/
　　　d2b6cfcb308988e6efff6662a3bee060.jpg
146쪽 풍력 발전 시스템 다리 http://www.innovateli.com/wp/wp-
　　　content/uploads/2015/07/bridge-turbines.jpg
　　　세계 무역 센터 http://www.asianpictures.org/images/1600x
　　　1200/bahrain_world_trade_center.jpg

http://www.green-planet-solar-energy.com/images/bahrain-
wtc.jpg
147쪽 스트라타 SE1 https://c2.staticflickr.com/8/7682/170202067
　　　96_0d5987322c_b.jpg
148쪽 3D 프린터를 활용한 건물 http://www.3ders.org/images2014/
　　　china-winsun-3d-printed-villa-six-floor-building-3d-printing-
　　　3ders-19.JPG
149쪽 3D 프린터를 이용한 건설 방식의 예 https://www.
　　　whiteclouds.com/3dpedia-index/contour-crafting
　　　3D 프린트를 이용한 달의 기지 건설 http://i1.wp.com/
　　　www.gamengadgets.com/wp-content/uploads/2014/11/
　　　Model-Of-A-3D-Printed-Home-On-Moon-2.jpg
151쪽 패시브 하우스 http://www.passivehouse.ca/wp-content/
　　　uploads/2012/07/slider-pane1-new.jpg
　　　액티브 하우스 http://cdn.freshome.com/wp-content/
　　　uploads/2010/04/Bolig_for_livet_dagens_design.jpg
153쪽 베드제드 단지 http://c1038.r38.cf3.rackcdn.com/group2/
　　　building12796/media/vmqk_leonardoenergy.org_bedzed1.jpg
154쪽 모듈러 하우스 http://www.yourhomeok.com/wp-content/
　　　uploads/2015/03/cheap-luxury-modular-homes.jpg
155쪽 모듈러 하우스 제작 과정 http://raconteur.net/public/img/
　　　articles/2015/06/modular-construction.jpg
156쪽 철거용 로봇 http://primetechsolutions.biz/images/5.jpg
157쪽 콘크리트 타설 로봇 http://www.tunneltalk.com/images/
　　　CompanyNewsPB/Potenza-mobile-shotcreting-robot.jpg
　　　벽돌 쌓기 로봇 http://cdn0.techly.com.au/wp-content/
　　　uploads/2015/07/brick-robot-990x500.jpg
158쪽 유지 보수 로봇 https://www.canadianarchitect.com/asf/
　　　enclosure_detailing/detailing_basics/images/wall_painting_
　　　robot.jpg
　　　콘크리트 재활용 로봇 http://www.kijkmagazine.nl/wp-
　　　content/uploads/2014/02/Fotomontage1working.jpg
159쪽 도로 결빙 방지 시스템 https://www.studioroosegaarde.net/
　　　uploads/images/2012/10/14/1443/1443-4720-image.jpeg
160쪽 구조 상태 모니터링 단독 주택, 빌딩, 댐 아이클릭
　　　하수 처리장, 금문교 게티 이미지 뱅크
　　　I-35 다리 붕괴 https://cbsminnesota.files.wordpress.
　　　com/2010/11/75964197_10.jpg?w=640&h=360&crop=1
161쪽 자가 치유 콘크리트 http://weburbanist.com/wp-content/
　　　uploads/2012/04/self-healing-concrete.jpg
　　　옥상 녹화 왼쪽 http://www.lafent.com/data/board38/
　　　1270500831_4f7fddbc_C7D1B1D4C8F18-4.jpg
　　　옥상 녹화 오른쪽 게티 이미지 뱅크
162쪽 아문센 스콧 기지 https://sydpolen2011.files.wordpress.
　　　com/2011/01/sp-station-station-2.jpg
163쪽 워터 디스커스 호텔 http://i2.cdn.turner.com/cnnnext/
　　　dam/assets/130604170557-underwater-hotel-maldives-
　　　horizontal-large-gallery.jpg
　　　팜 주메이라 게티이미지 뱅크
164쪽 학교, 사무실, 상가 게티이미지 뱅크
　　　거실 아이클릭

찾아보기

기술선생님이 들려주는 궁금한
10대를 위한 **건설 기술의 세계 ②**

초판 1쇄 발행   2016년 03월 10일
  4쇄 발행   2023년 04월 20일

지 은 이 | 오정훈, 한승배, 오규찬, 심세용, 이동국
발 행 인 | 신재석
발 행 처 | (주)삼양미디어
등록번호 | 제10-2285호
주   소 | 서울시 마포구 양화로 6길 9-28
전   화 | 02 335 3030
팩   스 | 02 335 2070
홈페이지 | www.samyang**M**.com

I S B N | 978-89-5897-315-7 (44500)
        978-89-5897-309-6 (5권 세트)